2021

Monitoring Report of the
Collective Forest Tenure Reform

集体林权制度改革
监测报告

国家林业和草原局"集体林权制度改革监测"项目组 | 著

中国林业出版社

图书在版编目（CIP）数据

2021集体林权制度改革监测报告/国家林业和草原局"集体林权制度改革监测"项目组著 . — 北京：中国林业出版社，2022.12
 ISBN 978-7-5219-2073-4

Ⅰ.①2… Ⅱ.①国… Ⅲ.①集体经济—林业经济—经济体制改革—研究报告—中国—2021 Ⅳ.①F326.22

中国版本图书馆CIP数据核字（2023）第001044号

策划编辑：李　敏
责任编辑：王　越
责任校对：王美琪
书籍设计：北京美光设计制版有限公司

出版发行：中国林业出版社
　　　　　（100009，北京市西城区刘海胡同7号，电话 010-83143628　83143575）
电子邮箱：cfphzbs@163.com
网　　址：www.forestry.gov.cn/lycb.html
印　　刷：北京中科印刷有限公司
版　　次：2022年12月第1版
印　　次：2022年12月第1次印刷
开　　本：889mm×1194mm　1/16
印　　张：9.5
字　　数：231千字
定　　价：120.00元

未经许可，不得以任何方式复制或抄袭本书之部分或全部内容。
©版权所有　侵权必究

本书编写组

组　长　　袁继明　　刘　璨

成　员（按姓氏笔画排序）

　　　　　　卫宇婕　　王宏飞　　王雁斌　　付天琴　　刘　浩　　刘彪彪

　　　　　　李依韩　　杨　萍　　肖　慧　　何　婧　　汪海燕　　张永亮

　　　　　　张红霄　　岳　靓　　侯方淼　　康子昊　　韩杏容　　雷梦娇

　　　　　　裴润田　　魏　建

前 言

党的二十大对深化集体林权制度改革作出重要部署，为新时期深化林草事业改革指明了方向和目标。深入学习贯彻党的二十大精神，着力践行习近平生态文明思想，积极探索完善生态产品价值实现机制，拓宽绿水青山向金山银山转化的路径，助力集体林区实现共同富裕，是当前持续深化集体林权制度改革的核心任务。

集体林权制度改革是2002年习近平任福建省省长时，亲自主导推动的"从山下转向山上"的伟大改革，需要我们久久为功、接力奋斗。面对新发展阶段下，集体林权制度改革的新形势、新进展、新问题，国家林业和草原局发展研究中心聚焦深化改革的各项内容，不断强化监测手段和数据分析，深入开展专题研究，及时总结群众首创典型和基层经验模式，加强成果转化运用，为不断深化集体林权制度改革提供决策依据。

为深化集体林权制度改革决策提供系统、全面、及时和可靠的信息支持，国家林业和草原局发展研究中心于2021年赴全国9个省份22个县120个乡镇360个行政村开展监测调研，涉及集体林的土地利用、规模经营、产权保护、投融资、基层管理部门运行等方面，数据翔实，具有较强的理论意义和实践意义。

从监测结果来看，2021年全国集体林权制度改革情况总体稳定，带动农民就业增收稳中有增，但也存在着集体林业"三权分置"运行机制不畅、历史遗留的林权纠纷有待逐步解决、新型林业经营主体发展质量不高等问题，这些问题也是未来深化集体林权制度改革的着力点。期望本书的出版对关心和支持集体林权制度改革监测工作的读者有所帮助，也欢迎大家提出宝贵意见和建议。

本书编写组
2023 年 4 月

目　录

前　言

集体林改监测最新进展及建议 …………………………………… **001**

林业和草原普惠金融和绿色金融相关政策问题研究 …………… **029**

新中国集体林改的法律变迁与法理研究 ………………………… **057**

新一轮集体林改及配套改革对我国林产品进口贸易的影响 …… **095**

新一轮党政机构改革后县乡林草部门运行状况研究 …………… **129**

参考文献 …………………………………………………………… **144**

集体林改监测最新进展及建议

2021 集体林权制度改革监测报告

2008年，中共中央、国务院在《关于全面推进集体林权制度改革的意见》中明确指出，实施全国范围的集体林改，其最终目标是在基本完成集体林地明晰产权、承包到户的基础上，通过深化改革形成集体林业的良性发展机制，实现资源增长、农民增收、生态良好、林区和谐。现在，改革已经整整过去了13年，有哪些值得总结推广的先进经验和需要改进、完善、提升的环节？今后工作应该在哪些方面发力？带着这些问题，由财政部牵头、国家林业和草原局实施的"集体林权制度改革相关政策问题研究"课题组，从2021年7月初到9月上旬，集中对北京、陕西、河北、山东、安徽、四川、江西、广西、重庆9个省（自治区、直辖市）22个县（市、区）120个乡镇360个行政村开展集体林改的监测调研，对4680个样本农户进行了面对面的调查访问，综合分析了当前改革发展的现状，重点总结了近年来各地在改革过程中的创新和亟须解决的矛盾问题，提出了进一步深化改革、推进改革目标全面实现的意见建议。

改革创新

2020年和2021年的监测调研显示，近年来，各地集体林改的一个非常重要的特点是创新。在创新中改革，在改革中创新。创新的内容，既有国家层面统一部署开展的先后两轮的集体林权综合改革试验，更有各个样本省、市、县根据当地实际自行开展的创新实践。17个样本省份中的18个地级市和17个县（市、区）被国家林业和草原局列入试验示范区，其中课题调研确定的6个样本县（市、区）直接承担并圆满完成了近20项改革试验任务，总结实践了许多可推广、可复制的先进经验，为全面深化改革做出了重要贡献。

一、积极探索集体林地"三权分置"运行机制，林业生产力得到空前解放

（一）创新林权流转管理制度，同步实现林地承包者和经营者的稳定收益

围绕放活集体林地经营权，为引导社会资本有序进山入林，促进适度规模经营，提升集体林业发展水平，四川省修订印发了《集体林权流转管理办法》，依托成都农村产权交易所与省内20个市（州）125个区（县）实现农村产权交易信息联网运行，建立了省、市、县三级林权流转交易平台。协调成都农村产权交易所与重庆涪陵林权交易所签订合作备忘录，推动川渝两地林权交易数据共享，共建川渝地区林权交易市场。眉山市和巴中市在实践中分别探索实施了林地林木等级评分办法和林权流转基准指导价，林权流转日益规范，流转价格明显提升。截至2021年6月，四川省流转林地面积1886万亩，每亩流转价格较改革前平均提升76.8%。南江县为推动林权流转，设立专门机构全权负责全县林权流转的监督管理，同时担负林权转让信息的收集发布、森林资源资产评估、林权外业调查勘界、林权变更登记及法律咨询等项服务。同时，鼓励社会力量参与林权流转管理，目前已有两家中介服务公司在工商注册从事林权流转。南江县林业局会同农村产权交易中心制定了《南江县集体林权交易规则》，指导和规范全县的林权交易行为。截至2020年年底，流转区域覆盖21个乡镇69个村，林地流转额达到6171万元，参与林地流转的农户人均财产性收入增加近1500元，实现林权抵

押融资2500万元。

重庆市在实施城口国家储备林项目过程中,为带动山区群众脱贫致富,在林权流转方面探索了三条路子。一是引导农户自愿流转林地获取流转收益。由村集体组织动员农民流转承包林地并分年支付流转资金,实现流转林地农民的长期稳定收益;二是项目实施单位优先聘用林地流转农户参与项目建设获得劳务收入,人均月收入2000多元;三是流转林木采伐时按50元/立方米的标准向农户支付分红。截至2020年年底,城口县已在两个镇18个村流转集体商品林11.06万亩,向4333户农民兑付林地经营权流转资金553万元。武隆区火炉镇万峰村11个村民小组的625户农户将6500亩林地的经营权以入股形式流转给专业合作社,专业合作社再将林权通过林业担保平台抵押融资后统一经营,1亩林权折抵1股股权,利润的50%用于扩大专业合作社发展规模,30%兑现给农户,20%用于各村民小组基础设施建设。在此基础上,为切实保障林农利益,专业合作社还以每年10元/亩的价格对农户流转的林地进行利益保底。

安徽省全面创新集体林地经营和流转方式,鼓励引导农户采取转包、出租、入股等方式流转林地经营权和林木所有权。目前,全省集体林地流转面积达1350万亩,占全省确权发证面积的25.48%。具体做法:一是规范流转行为。安徽省林业局和省工商局联合发布《安徽省集体林权流转合同(示范文本)》,指导农村集体林权流转当事人依法签约、规范履约。同时,为规范全省林权流转档案管理,安徽省林业局联合省档案局在滁州市南谯区开展林权流转档案管理试点。安庆市和黄山市分别发布《集体林权流转交易规则》,对集体林权流转范围、方式、程序和保障措施做出具体规定,全面规范交易行为。二是创新流转经营方式。不断完善提升"公司(合作社)+基地""公司(合作社)+基地+农户""公司+合作社+基地+农户"等模式,引导各类生产经营主体开展联合、合作。滁州市支持各类林业经营主体参与林业开发建设,累计流转林地面积72万亩,流转金额超5亿元。三是放活林地经营权。广德市、宣城市、东至县、旌德县等地出台林地经营权流转证管理办法,为通过转包、出租等方式取得林地经营权的林业经营主体发放林地经营权流转证,为其办理林木采伐、林权抵押和其他行政审批事项提供权益证明。东至县发放林地经营权流转证1310宗,登记流转林地面积6.66万亩。

江西省修水县建立健全了林权流转三级服务体系,全县36个乡镇工作站和便民服务中心设立了林地流转服务站,380个村委会设立了林地流转服务点和联络员,开展林地流转信息发布、网上申请、审核、鉴证等项服务。据统计,近两年依法办理林地经营权流转面积60803亩,惠及农户330户,交易流转资金5000多万元,带动参与流转经营主体投资林业建设资金9000多万元,促进了油茶、茶叶、南方红豆杉、林下养殖等林业产业和林下经济的快速发展。截至2020年12月月底,兴国县林地流转面积达到51.14万亩,占比高达全县林地总面积的13.82%。通过林地流转,进一步扩大了林业经营规模,激活了林业生产要素,林业经营主体不断增加,林地价格持续提高,流转期限为30年的林地价格由林改初期的每亩平均210元左右,增加到现在的700元左右。特别是脐橙、油茶种植林地的价格高达每亩1000多元,带动了林农收入的显著增长。

为探索重点生态区位生态保护、增加林农财产收入新机制,确保林地承包者的利益,重庆市在巴南区、南川区、武隆区开展了集体林地家庭承包权有偿退出试点。720户农民自愿退出集体林地承包权6250亩，林农获得收入6038万元，最多一户获得收入30多万元。武隆区仙女山街道石梁子村和荆竹村6个村民小组的152户农户，自愿将3233亩承包林地退出并交回村民小组，以每亩10800元的价格，获得补偿3492万元。村民小组再将退出的林地经全体社员一事一议同意后流转给重庆市阳光童年旅游开发有限公司，用于打造观光旅游项目，项目建成后，还将大幅增加农户务工收入和接待游客的餐饮、住宿等收入。

福建省沙县针对林地"碎片化"林权流转难的问题，全面开展"林票制"改革，进一步深化集体林地"三权分置"改革，推进林地规范流转，促进林农增收。一是建立制度。制定《沙县林票登记交易实施细则》，明确林票是有价证券式的股权（股金）票证，具有继承、交易、流通、变现和抵质押融资等权能，可以在林票交易服务平台进行挂牌交易。国有林场为林票交易进行兜底，按年单利3%收购，用以抵御交易、变现和抵质押风险。二是量化股权。依据"林权变股权，股权再量化"原则，将合作经营中村集体森林资源资产按照评估值进行股份量化，其中村委会股占30%，村民股占70%。村民成员股量化到户，分配到人。三是制发林票。国有林场与村委会合作双方共同将量化的股权（股金）等额印制成林票。林票分国有林场法人型、村委会集体型、村民个人型三种，其中法人型作为压舱石不予流通，集体型有条件流通，村民个人型自由流通。目前，全县实施林票发行的村达到28个，村财务平均增收6万元，林农人均增收160元。

（二）创新新型林业经营主体发展机制，着力促进林业适度规模化经营

四川省出台林草产业化重点龙头企业认定管理办法，建立运行监测评价管理制度，进一步规范省级龙头企业认定管理。逐年加大对各类新型林业经营主体扶持力度。2011年以来，省级财政累计安排专项资金1.09亿元，扶持了185个农民林业专业合作社建设。截至2021年年底，全省已培育国家林业重点龙头企业28家，认定省级林草产业化重点龙头企业205家，省级林草示范专业合作社258家；培育国家林下经济示范基地25家。与此同时，四川省财政每年安排2000万元资金，在全省88个贫困县推进造林合作社组建运行，通过带动贫困群众直接参加生态建设增收脱贫。全省贫困地区共组建脱贫攻坚造林专业合作社1317个，吸纳社员4.43万人，其中建档立卡贫困社员3.3万名，人均获得劳务收入6000多元。

安徽省通过落实财税、金融保险、林地使用、林木采伐管理、创建示范、科技支撑服务、拓展营销市场等多方面扶持政策，积极引导发展家庭林场、股份合作林场、农民林业专业合作社、林业龙头企业等新型林业经营主体。全省包括国家、省市级林业重点龙头企业、农民林业专业合作社、示范家庭林场和注册运行的各类林业经营主体达3万余个。

江西省兴国县对林业企业、专业大户、民营林场和油茶、毛竹等各类林业专业合作社，实施优先安排造林、抚育、低改项目，优先安排贴息贷款资金，优先跟进调查评估，优先实行适度规模经营奖补，优先安排高产油茶基地建设贷款，对省级龙头企业优先安排林区道路硬化。在政策许可的前提下，减免新型林业经营主体在林权流转、林木采伐等环节应缴费用等扶持倾斜政策，促进了新型林业经营主体的不断发展壮大。

江西省遂川县通过提高对主体的服务质量，创新主体产品营销模式、自主品牌等措施，不断提升各类新型林业经营主体经营规模。全县先后有10家新型主体被评为国家级、省级示范社和示范基地。发展创建"华云仙""罗溪山""思木林"等22个"三品一标"品牌，带动扶持全县246家各类林业新型主体快速发展，形成了"自发抱团，分级注册，创新融资，

科技帮扶"的遂川模式，得到国家林业和草原局的充分肯定。2020年经营收入突破1000万元。通过林业专业合作社的辐射影响，有效带动8000多户建档立卡贫困户入社发展，在脱贫攻坚中发挥了重要作用。

江西省崇义县通过探索"民营林场规模化经营、小林农户得益"的发展模式，组建民营林场43个，林业专业合作社194家，经营总面积达108万亩，使原本分散无人经营管理的低产低效林得到精心经营和管理。每年新增造林面积近3万亩，林地产出率与散户经营相比提高了2～3倍，培育、保护等方面的生产成本降低10%，产量提升12%，产值增加15%。2020年，民营林场产值达到40亿元，实现了经济效益、生态效益和社会效益的同步提升，创建了小林农户和现代林业发展有机衔接的"崇义样板"。

(三) 创新林业生产发展机制，全力发展林业产业和林下经济

安徽省大力发展以特色中药材、特色苗木花卉、特色森林食品和特色森林康养为重点的林下经济，推进森林生态功能增强与林业经济发展的同向提升。形成了淮北林下中药材与蔬果种植、江淮丘陵种植与养殖、沿江苗木种植与生态旅游休闲、大别山中药材种植与林产品采集加工、皖南山区林产品采集加工与森林康养旅游等五大林下经济示范片。建成国家林下经济示范基地33家、国家级森林康养基地4家、省级森林康养基地19家，涌现出一批以旌德县、广德市、青阳县、岳西县、金寨县、亳州市、谯城区等为代表的林下经济示范典型。安庆市聚焦经营主体需求，出台促进林业经济高质量发展的"1+N"政策体系，市县财政列支资金超过6700万元，撬动金融和社会资本投入林业产业和林下经济超过30亿元。淮北市2021年市级财政安排100万元林业产业扶持资金，用于扶持林业大户和林业合作社。全省发展林下经济面积近2000万亩，产值近750亿元，并且逐步实现了林下经济由零星分散种植向规模经营发展转变，由数量快速增长向质量稳步提升转变，由提供初级产品向培育新兴产业转变。

江西省政府将发展以油茶为主的林业产业和林下经济作为推动农村经济发展，实现农民增收致富的重要举措。大力实施千家油茶种植大户、千万亩高产油茶和千亿元油茶产值的油茶产业发展"三千工程"，新造高产油茶、改造低产茶油林补助标准分别达到1000元/亩和400元/亩。全省油茶林面积达到1598万亩，总产值达383.5亿元，面积和产值均居全国第二位。林下经济重点打造油茶、竹产业、香精香料、森林药材、苗木花卉、森林景观利用等六大产业。截至2020年年底，全省竹林总面积达到1556万亩，林下经济总规模达到3934万亩，产值达2034亿元。同时依托优质生态资源，创新开展生态节日活动，吸引公众走进江西，体验自然、乐享生态，为打通"绿水青山"与"金山银山"双向转换通道提供新的路径。仅2020年"十一"黄金周，全省森林公园接待游客就达到870.18万人次，旅游收入超过18.31亿元，同比分别增长10.52%和11.7%，远超全国平均水平。

江西省遂川县全力扶持竹木、南酸枣、刺葡萄、高山茶等特色产业，高标准建设林业产业示范基地，依托龙头企业示范带动作用，采取"母子品牌"的运作方式，培育出齐云山、君子谷、笋小粉等一批品牌示范企业，着力打造森林食品产业集群，实现了林业一、二、三产业的深度融合。南酸枣产业年产值达到2亿元，加工实现年税收3000多万元。

河北省财政每年列支1000万元支持现代林果产业基地建设，2018—2020年，全省新增果品高标准基地300多万亩，完成结构调整和树体改造近400万亩。逐步形成了黑龙港及太行山

优质红枣、燕山京东板栗、冀西北山区优质仁用杏等外向型经济林产品基地，建成了文安、正定、邢台三大人造板加工企业集群。全省有2000多万农民从事林产品生产、加工、运输、销售、服务等生产经营活动。经济林集中产区农民从事经济林产业人均年收入超过万元；平泉市全力打造山杏产业链条，全市从事山杏种植经营农户3.1万户，从业农民近10万人。山杏种植户每年增收2600多元。从事与山杏加工产业相关的餐饮、货运、住宿、贸易和服务总经营额达15亿元。

北京市以林业产业拉动绿色增长，全市林产品总产值达到145亿元，带动越来越多的农民实现以林为业，生态增收。全市果树种植面积203.5万亩，年产值40.5亿元，果树产业基金累计投资3.8亿元。吸引社会资本1.04亿元，带动发展高效节水果园9.92万亩，观光采集果园1394个，年接待游客1000万人次，采摘直接收入5.5亿元，带动果品销售4亿元。全市花卉种植面积6.4万余亩，实现产值13.1亿元。新建规模化苗圃4.65万亩，产值超过70亿。蜜蜂饲养量28万群，从业人员2.5万余人，实现年总产值2亿元，带动1000余户低收入户脱低增收；林下经济面积23.1万亩，产值达18.8亿元。

重庆市城口县依托丰富的森林资源，全面整合农村田园风光、古树群落、山水美景等旅游资源，大力发展以户为单位的"大巴山森林人家"，推动大巴山森林人家集群片区建设，打造春赏花、夏避暑、秋赏叶、冬玩雪的特色旅游基地，成为乡村旅游扶贫的知名品牌。与此同时，以"大巴山森林人家"为载体，按照"山顶绿树戴帽、中山果药缠腰、山下庭园连片"的发展思路，充分利用易地扶贫搬迁腾退的土地和林地资源发展林下经济，大力推广"林上挂果、林地种药、林下养鸡、林间养蜂"等具有观赏性的生态复合型产业发展模式，全力打造集观光采摘、农耕体验、商务活动等不同层次功能需求的旅游扶贫产业。全县发展"大巴山森林人家"1700余户，美丽乡村市级示范点5个、全市特色景观旅游名镇（村）2个，建成乡村旅游扶贫示范村40个，累计接待游客405.09万人次，实现旅游综合收入8.392亿元，辐射带动1.5万群众实现增收致富。

二、创新金融支持林业机制，促进林业又好又快发展

（一）全面推进以林权抵押贷款为主的各项林业贷款

安徽省林业、财政、地方金融监管、银保监局和邮储银行等部门联合出台了《关于林权抵押贷款的实施意见》《关于推进"皖林邮贷通"林权抵押小额贷款业务的通知》《关于加快推进林权收储担保的指导意见》《关于加快推进公益林补偿收益权质押贷款实施意见》等一系列政策性文件，建立健全林权抵质押贷款制度，鼓励金融机构优先安排信贷资金投放，探索林权权能实现的多种形式，为林业发展提供资金支持。全省累计完成林权抵押贷款254.4亿元，贷款余额约64亿元。安庆市发挥政策性担保公司增信功能，设立林业贷款风险补偿基金8500万元；滁州市设立1000万元林业抵押贷款担保基金，贷款额近12亿元；宣城市成立国有性质林权收储担保中心7个，资本金4900万元，累计发放林权抵押贷款54.5亿元，其中公益林补偿收益权质押贷款5笔400万元。

四川省林业和草原局会同中国人民银行成都分行、中国银保监会四川监管局、四川省自然资源厅联合出台了《四川省林权抵押贷款办法》，先后与中国农业银行四川省分行、中

国邮储银行四川省分行、四川省农村信用联社签订了战略合作框架协议，同国家开发银行、农业发展银行签订战略合作协议，运用金融资本推动林业生态建设全面发展。结合"三权分置"改革，启动了以"林地经营权流转证"为主的林权抵押贷款改革试点。各试点县人民政府制定了完善的发证、评估、贴息、资金监管和风险防控制度。通过地方政府财政贴息、申请中央财政政策贴息、金融机构让利、简化资产评估等措施，抵押融资综合平均成本从改革前的12%降到改革后的5%，融资资金直接用于林业产业发展的比例占融资总额的95%以上。全省抵押贷款面积514.37万亩，贷款金额74.3亿元。

江西省崇义县积极探索绿色金融助推林业发展新模式，充分发挥政府的桥梁纽带作用，组建了崇义"两山"银行。采取"政府+协会"的出资方式，设立了5000万元的林权收储基金，存入银行作为贷款风险保证金，撬动合作银行按照不低于8倍的贷款，支持林业生态建设和林业产业发展。全县已有国有四大银行以及江西、赣州、崇义农商等三家地方商业银行开办了绿色金融助推林业发展业务。累计发放林权抵押贷款14.44亿元，抵押林地面积92.35万亩。通过建立绿色金融助推林业发展机制，不仅解决了林农及经营大户林业资金融资难题，同时提高了抵押贷款的风险防范能力，降低了林业融资成本，让合作银行和林业经营者都吃下了"定心丸"，2021年1~6月新增林业贷款1.3亿元。

广西壮族自治区着眼于解决林地经营权的贷款问题，组织修订《林权抵押贷款管理办法》，积极推行"政银担"合作模式，与广西农担公司开展林业经营主体"建档立卡"，通过农担公司增信，精准提供融资担保服务。截至2020年年底，广西农担公司累计为224户林业经营主体提供融资担保贷款9142.6万元。联合自治区地方金融监管局、广西银保监局，加大创新支持力度，开发与油茶产出周期相适应的6~10年油茶贷款品种，促进了油茶产业的快速发展。

福建省沙县积极探索林权抵质押贷款及林权收储担保融资方式。一是探索建立"一评二押三兜底"融资运行机制。重点探索"建立林农信用评级、构筑融资担保体系、完善风险分散机制"等林业普惠金融新机制。按照"先建档、再评级、后授信"的思路，在全县建立信用评价体系。采取村级林业专业合作社林业担保基金和林权抵押相结合的两种担保方式，扩大林农金融支持渠道。建立完善保险兜底、基金兜底、收储兜底多层次风险分散机制，系统防范和控制林权抵押贷款风险。二是构建绿色金融体系。依托沙县农商银行设立"绿色金融专业银行"，负责投放绿色信贷，提供绿色金融服务，创新绿色金融产品，推行普惠林业金融产品"福林贷"。采取简易评估、基金担保、林权备案、内部处置、统一授信、随借随还、逐年增信的方式，为林农提供3年期限10万~20万元的贷款授信额度。全县开办贷款村数126个，放贷1795笔，贷款金额20037万元。创新金融产品"金林贷"，在信用评级的基础上，以整村授信或批量授信方式，向持有村集体统一经营的林权股权证或林票的林农发放贷款，整村授信3亿元，发放村民贷款1250万元。组建国有全资"沙县森林资源收储管理有限公司"，与沙县农商行合作，创新推出林权收储抵押贷款新品种，发放林权收储抵押贷款3085万元。三是搭建林权抵押贷款平台。组建国有收储公司提供收储保证，并叠加保险建立风险补偿机制，构建集评估、收储、登记、交易等"四项服务"于一体的林改服务平台，创新推出林权按揭贷款以及中幼林、毛竹林、林地经营权证等林权抵押贷款。截至2020年6月月底，全县累计发放林权抵押贷款10.83亿元，贷款余额3.62亿元。

贵州省锦屏县探索由政府全额出资组建林业投融资平台，成立了"锦屏县金森林业投资开发有限公司"注册资金2.5亿元，负责筹集林业产业发展投入资金，实行林业有偿投资。截至2020年6月月底，金森林业投资开发有限公司用林权抵押分别向贵州银行、农业银行、国开行、世界银行贷款28740.5万元。全县涉林民营企业或个人用林权抵押贷款26笔共4200万元。与此同时，创新"林权收储融资反抵押+担保"产品，即在林权收储单位抵押物资产价值不够或没有抵押物的情况下，林权收储单位首先向银行申请项目融资授信额度，利用第三方担保的方式发放第一笔贷款，待林权收储单位利用第一笔贷款金额收储得到林权资产后，用第一笔贷款金额收储得到的林权资产作抵押，发放第二笔贷款，依此类推滚动发展。协调农业发展银行意向同意投入2.35亿元作为"林权收储融资反抵押+担保"资金。"林权收储融资反抵押+担保"新产品的推出，为解决收储平台公司林权抵押物短缺和中幼林变现，推动林农和社会资本更好地流向林业发挥了重要作用。

（二）不断创新森林保险模式，确保林地承包者和经营者的财产安全

在保险单位和部门的选择上，多地由一直以来的以财产保险为主，调整为在社会上公开招标，选择守信誉、重服务、理赔条件最优越的保险公司投保并对保险公司的理赔情况进行严格考核，对达不到考核要求者实时果断淘汰，既保证了保险部门的尽职尽责，又保证了参保者权益的有效实现。

在森林保险险种的确定上，绝大多数地区将过去单一的火险、森林病虫害险等单一险种，调整为覆盖所有森林自然或人为灾害的综合险，为森林经营提供了可靠保障。

在保险范围的确定上，由改革初始的财政统包生态公益林，逐步过渡到财政对包括生态林和商品林所有林种统保的全覆盖。调研结果显示，2021年度接受调研的22个样本县（市区）全部实现了生态公益林财政统保。

在保费、保额的确定上，努力争取两者向相反方向发展。即保费标准逐步走低，保额标准渐次提高。安徽省金寨县生态林保费由原来的1.575元/亩降到2021年的1.56元/亩。生态林保额由原来的450元/亩提高到2021年780元/亩。商品林保额由原来的550元/亩提高到2021年的1000元/亩。

在灾害评估和理赔额度的确定上，由长期以来由保险公司独立完成，改变为由当地林业部门和保险公司共同完成，确保了评估赔付的公开透明和科学合理。2020年，安徽省休宁县林业局和保险公司对部分乡镇发生的森林虫害联合进行综合评估，在征求各方面意见的基础上取得了115.5万元的赔付额并迅速兑付，受到社会各方面和林农的高度肯定。

在完善森林保险的组织保障体系上，广西壮族自治区根据森林保险运行的实际情况，积极探索建立保险纠纷调处机制，组建了森林保险案件勘测专家队伍，推动建立了自治区和县（市、区）两级森林保险纠纷调处委员会。同时加强与财政部门的合作，采取联保共保等方式，建立了大灾风险赔偿基金。在完善服务体系建设方面，印发了《关于加快森林保险乡村服务站点建设的通知》，建立村级森林保险基层服务点1300多个，确保了森林保险的健康有序运行。

三、创新森林经营管理制度，加速实现森林资源的科学管理

（一）深化森林经营管理模式改革

江西省崇义县在森林经营模式改革中探索实现了三个方面的创新。

一是创新森林科学经营模式。按照分区施策、分类经营的要求，将全县269万亩林地区划了94万亩生态林和175万亩商品林。在商品林中建成了包括人工杉木林、松木林和竹林的商品材基地140万亩，人工促进天然更新阔叶次生林30万亩。同时，科学编制森林经营规划。《崇义县级森林经营规划（2016—2050年）》经专家组评审通过后，被国家林业和草原局指定为全国县级森林经营规划编制范本；乡镇林场层面自2013年全面启动了各级各类林场、乡镇和经营大户的森林经营方案编制实施工作。森林经营步入了科学经营轨道。

二是创新样板示范带动模式。根据森林资源状况、林地经营水平和不同经营主体、森林类型、林分状况等因子，分别设立了六大类13小类的森林经营样板林，积极探索总结推广了适合南方林区的丰产高效的经营理论和技术模式，建成了51万亩的森林经营样板示范林基地。林地产出率与传统经营方式相比提高2~3倍。乔木林分单位面积蓄积量从每亩6.87立方米提高到每亩8.9立方米。人工杉木林亩年均立木生长量达1立方米以上，天然次生林改造后亩年均生长量由0.2立方米提高到0.5立方米以上。

三是创新林龄排序采伐制度。始终坚持采伐量小于生长量的原则，年实际安排采伐商品材严格控制在核定限额的65%以下。采用"二榜公示"与抽签相结合的方式，依托营林档案，按林龄排序合理分配林木采伐指标，做到伐前有设计、伐中有检查、伐后有验收。通过创新森林经营管理模式，实现了森林总量和森林质量的"双增长"，全县森林覆盖率由2012年年末的87.3%，增长到88.3%；活立木蓄积量由1386万立方米增长到1695万立方米。2019年11月，在崇义县召开的全国南方地区森林质量精准提升经验交流现场会，将崇义县精准提升森林质量的经验作为"全国样板"全面推行。

北京市房山区完善林木采伐审批管理制度，将林木采伐许可证核发中的其他采伐、采伐方式为其他消耗且为枯死树采伐的，下放到乡镇审批，有效提高了审批效率。

（二）探索商品林区人工林自主经营方式

贵州省锦屏县是国家林业和草原局和贵州省林业厅确定的森林资源可持续经营试点县。几年来，该县在一个有林地全部为人工林的行政村开展完全放开人工商品林采伐限额管理，简化林木采伐审批和办证程序，探索新的迹地更新管理模式的试点。通过试点验证森林分类经营"放活商品林"的可行性，取得了既确保森林资源占补平衡，又盘活森林资产的良好效果。在实践中，坚持村委会审批，林龄不超过20年不砍，没有正当理由不砍，采伐量超过生长量不砍，采伐后及时更新的原则，户均年采伐79.9立方米，采伐量相当于活立木生长量的34.01%，户均年增木材销售收入约3.4万元。林木采伐后，不仅在当年冬天和次年春天全部完成迹地更新，而且在林下发展中草药种植和石蛙养殖，有效增加了林农收入。

（三）创新探索横向生态补偿机制

重庆市为保障森林生态安全，推动城乡自然资本增值，在全国首创森林覆盖率横向生态补偿机制。依据不同的自然条件、发展定位和国土绿化空间等实际情况，明确规定了各区县

必须实现的森林覆盖率指标，允许完成任务确有困难的区县横向购买超额完成任务县区的森林面积指标，探索建立了基于森林覆盖率指标交易的生态产品价值实现机制，形成了区域间生态保护与经济社会发展的良性循环。2019年3月，位于重庆市主城区、绿化空间有限的江北区，为实现森林覆盖率55%的目标，与渝东南的国家级贫困县酉阳县达成了全国首个7.5万亩森林面积指标的《森林覆盖率交易协议》，交易金额1.875亿元，按照3:3:4的比例分三年向酉阳县支付指标购买资金，专项用于酉阳县森林资源的保护发展。2019年11月，渝东北城口县与主城区九龙坡区签订了1.5万亩森林面积指标的交易，交易金额3750万元。2019年12月，重庆市南岸区、经开区管委会共同向巫溪县购买1万亩森林面积指标，交易金额2500万元。同时，重庆市南岸区与石柱等区县，陆续进行了购买森林面积指标的协商，积极促进生态保护成本共担、生态效益共享，打通了"绿水青山"向"金山银山"的转化通道。

（四）探索建立森林资源资产有偿使用制度

为提升林地价值，推动城乡自然资本加快增值，鼓励社会资本参与林业生态建设，重庆市全力推进由使用林地的建设单位和个人支付森林生态服务价值的林票制度。为加快推进林票交易平台建设，完善交易运行服务模式，涪陵区政府与重庆联合产权交易所，重庆药品交易所共同组建了可以承接全市林票交易的公共资源交易公司。根据交易业务需要，投入1100万元开发完成了林票交易系统，升级改造了系统网站，增加了林票交易公告、竞价和交易链接功能，为实现林票线上交易奠定了坚实基础。

江西省崇义县稳步推进森林资源资产有偿使用制度改革试点，相继出台了森林资源资产有偿使用制度改革试点实施方案，森林资源资产有偿使用办法，森林资源资产有偿使用准入清单等文件，采取以林地入股、实行合作造林、租赁林地部分经营权发展林下经济等方式，有效拓宽了森林资源资产有偿使用途径。

（五）探索开展非国有林生态赎买试点

为稳定重要生态区域资源基础，进一步完善生态保护体系，探索实现林木生态补偿的有效补充途径，江西、重庆等地相继开展了重点生态区位非国有商品林赎买试点，积累了丰富的实践经验并取得了显著成效。江西省遂川县完成了南风面自然保护区等重要生态区位14813亩商品林的转换经营。重庆市在武隆区、石柱县开展的非国有商品林赎买改革试点，完成3007亩非国有商品林赎买改革任务，林农亩均受益989元。长寿区、綦江区、彭水县、北碚缙云山国家级自然保护区等重点生态区位，完成赎买2万亩。武隆区后坪乡，以1000元/亩的价格赎买林地面积975亩。乡政府利用赎买区域独特的森林景观资源，发展森林旅游和林下经济，为当地村民提供了大量的务工岗位，既确保了森林资产的保值增值，又增加了农民收入。

（六）探索创新生态公益林科学管理和合理采伐方式

贵州省锦屏县为解决国家要生态，农民要收入的矛盾，探索开展了生态公益林更新采伐，既容易操作方便林农生产，又保证公益林生态功能不受影响的小面积皆伐试验。一是采取缩短公益林更新采伐龄级，将杉木更新采伐年龄按一般用材26年的主伐年龄顺延一个龄级，确定为31年。马尾松更新采伐年龄按一般用材林31年的主伐年龄顺延一个龄级，确定为41年。二是明确规定更新皆伐面积和相邻小班采伐间隔距离。三是严格要求采伐当年必须完成更新造林。实践证明，这种方式的采伐，既降低了采伐成本，增加了林农收入，同时由于更新及时,又确保了公益林生态功能的有效发挥。

四、创新林业管理体制,全力推行林长制管理模式

2017年以来,安徽、江西在全国率先探索林长制改革,建立以党政领导负责制为核心的保护发展森林资源责任体系。目前,在课题调研的9个省份中,继安徽、江西之后,山东和重庆全面推行了林长制。

安徽省聚焦全省不同区域林情特点,在皖北平原、沿淮地区、江淮分水岭、沿江地区、皖西大别山、皖南山区6个区域,建设30个示范先行区,探索90项体制机制创新点。在全省范围全面推进以"一林一档"信息管理、"一林一策"目标规划、"一林一技"科技服务、"一林一警"执法保障、"一林一员"安全巡护为主要内容的工作制度和以各级林长责任区为落点的信息化运行平台建设,取得明显成效。金寨县建立了县乡村三级林长管理体系,加强了包括林长的巡林制度、工作制度、信息报送制度、考核制度以及奖惩制度等制度体系建设;明确划分了林长管理区域。全力实施了油茶基地产业扶贫工程、毛竹产业提质增效工程、板栗改造提升工程、古树文明保护工程、天然林保护工程等林长制十大工程,森林资源得到有效保护,造林绿化全面加强,林业产业林下经济取得显著成效,林下经济仅天麻种植一项年产值收入就可达到10亿多元。

江西省着力压实各级林长责任,不断强化森林资源源头管理,以县(市、区)为单位,整合山场、人员、资金,实现林业资源网格化全覆盖,组建村级林长、基层监管员、专职护林员的"一长两员"森林资源源头管理队伍。同时建立由10项保护性指标、3项建设性指标构成的林长制目标考核体系,将考核结果纳入市、县高质量发展、生态文明建设、乡村振兴战略及流域生态补偿等考核评价内容,作为对党政领导干部考核、奖惩和使用的重要参考。全省各地积极创新管理机制,打通森林资源管护"最后一公里"。遂川县在"一长两员"的基础上,增加警长和信息宣传员,形成"两长三员"的林长制遂川模式。

山东省各地将科技创新融入林长制,加快形成产、学、研、推、企深度融合的林业创新体系。临沂市组建优良乡土树种选育推广、困难立地生态修复等5支林长科技创新团队,评选创建了66处林长科技创新示范园区。蒙阴、平邑等县的市级林长荒山造林示范点树立了高质量造林的林长制示范典型。

重庆市在15个区县全面开展林长制实施试点。依托天保巡护平台,建立了"智慧林长"系统,配备了智能硬件。注册使用"智慧林长"客户端的护林人员达到2万多人。依托"智慧林长"系统推出了包括生态、扶贫、保护和康养四大板块内容的"生态热线"微信公众号,搭建起全面参与生态共建共享的平台。

调研显示,进入2021年以来,河北、陕西、北京、四川、广西等5个样本省份的党委政府相继发文对全面实施林长制做出了全面安排部署。

先期推行林长制的几个省份的实践证明,林长制的贯彻实施,从制度上强化了地方党委政府保护发展森林草原资源的主体责任和主导作用,从根本上解决了保护发展森林资源力度不够、责任不实等问题,对于构建属地负责、党政同责、部门协同、全域覆盖、源头治理的林草资源保护发展长效机制具有重要的现实意义。

改革成效

一、集体林业的良性发展机制基本形成

(一) 主体改革向更深层次发展

近年来,各地普遍开展了林地承包确权发证的查缺补漏工作,以明晰产权、承包到户为标志的主体改革得到不断巩固提升,为改革进一步深化形成完备的集体林业良性发展机制奠定了坚实的基础。截至2020年年底,9个省份样本农户承包林地确权率平均达到97.96%,发证率达到80.04%。22个样本县确权率在90%以上的有19个,占比高达90.91%,发证率达到60%以上的有14个,占比达到72.73%(表1-1)。

表1-1 截至2020年年底农户参与林改基本情况   亩

省份	县区	样本数(个)	林地总面积	其中:确权	确权率(%)	其中:林权证发放	林权证发放率(%)	换发不动产证面积
北京	昌平	121	67.70	66.00	97.49	10.70	15.81	0.00
	房山	124	1070.13	1055.13	98.60	1055.13	98.60	0.00
	合计	245	1137.83	1121.13	98.53	1065.83	93.67	0.00
四川	沐川	110	2551.48	2545.98	99.78	2003.91	78.54	0.00
	南部	226	838.85	812.85	96.90	706.12	84.18	1.50
	南江	218	8063.32	8024.32	99.52	6898.04	85.55	0.00
	马边	218	6931.50	6354.80	91.68	3766.71	54.34	0.00
	合计	772	18385.15	17737.95	96.48	13374.78	72.75	1.50
江西	兴国	243	6988.35	6864.30	98.22	6844.50	97.94	0.00
	遂川	245	8970.01	8965.51	99.95	8951.01	99.79	0.00
	崇义	290	15780.88	15698.35	99.48	15643.76	99.13	0.00
	修水	223	9655.84	9627.34	99.70	9602.54	99.45	0.00
	合计	1001	41395.08	41155.50	99.42	41041.81	99.15	0.00
广西	环江	105	2004.60	1649.60	82.29	732.40	36.54	0.00
	平果	110	2112.49	2069.39	97.96	967.52	45.8	0.00
	合计	215	4117.09	3718.99	90.33	1969.92	47.85	0.00
河北	易县	113	927.78	925.50	99.75	414.30	44.65	0.00
	张北	191	3876.36	3788.36	97.73	0.00	0.00	0.00
	平泉	217	5679.37	5679.17	99.99	147.80	2.60	0.00
	合计	521	10483.51	10393.03	99.14	562.10	5.36	0.00
陕西	延长	214	13106.69	13081.39	99.81	10270.74	78.36	0.00
	镇安	217	17858.30	17497.22	97.98	16527.56	92.55	0.00
	合计	431	30964.99	30578.61	98.75	26798.30	86.54	0.00
安徽	金寨	204	7407.18	7341.92	99.12	6404.88	86.47	0.00
	休宁	112	3401.35	3005.59	88.36	2433.80	71.55	0.00
	合计	316	10808.53	10347.51	95.73	8838.68	81.78	0.00

(续)

省份	县区	样本数（个）	林地确权					
			林地总面积	其中：确权	确权率（%）	其中：林权证发放	林权证发放率（%）	换发不动产证面积
重庆	武隆	88	4601.83	4530.91	98.46	4473.72	97.22	0.00
	涪陵	110	2397.59	2285.29	95.32	1716.51	71.59	0.00
	合计	198	6999.42	6816.20	97.38	6190.23	88.44	0.00
山东	平邑	110	110.00	0.00	0.00	0.00	0.00	0.00
总计		3809	124401.60	121868.92	97.96	99571.65	80.04	1.50

（二）各项配套改革全面推进

1. 森林生态效益补偿得到很好地贯彻落实

2020调研年度12个省份和9个省份样本农户对"你家足额获得公益林补偿"持肯定回答的比例分别达到83.17%和76.34%。"认为森林生态效益补偿政策对森林资源保护有促进作用"的比例达到75.68%和76.43%。充分显示出广大林农对森林生态效益补偿实施效果的肯定和认可。

2. 林木采伐限额管理取得显著成效

一是采伐得到有效控制。9个省份样本农户2012年、2014年、2016年、2018年、2020年共5个年度，申请并发生采伐的比例分别为36.98%、9.00%、6.81%、5.12%和4.61%，呈现出明显的下降趋势。二是采伐限额管理的实施得到林农的充分理解。与农户申请并实施采伐的下降趋势形成鲜明对照的是，农户对采伐管理实施的满意度和申请采伐的批准率却在不断上升。5个调研年度，对采伐指标确定方式满意的占比为65.03%、87.71%、78.11%、94.42%和94.12%。曾经申请并实施采伐的样本农户表示"申请指标被全部批准"的比例分别为67.56%、78.42%、70.43%、87.5%和87.68%。除北京市以外的8个样本省份乡镇林业站提供的数据显示，2020年度所有样本村申请指标被全部批准的比例更是达到99.03%，其中有5个省份达到100%（表1-2）。

表1-2 2020年度样本农户申请采伐指标批准情况　　　　立方米

省份	样本乡镇数（个）	样本村数（个）	采伐限额管理情况			
			申请采伐户数（户）	申请采伐量	批准采伐户数（户）	批准采伐量
四川	14	41	569	11878.71	568	11696.11
江西	16	48	268	5854.40	247	5512.40
广西	5	15	297	26007.00	297	26037.00
河北	9	27	3	62.42	3	62.42
陕西	10	30	129	442.00	129	442.00
安徽	8	23	556	5552.60	556	5552.60
重庆	2	5	5	30.00	5	30.00
山东	3	9	346	900.00	336	900.00
总计	67	198	2173	50727.13	2141	50232.53

3. 森林保险覆盖度逐年加大

调研显示，所有样本省份生态林政策性保险基本实现全覆盖，而且政府投保的力度逐年加大。5个调研年度9个样本省份政策性保险的覆盖度分别为94.88%、95.24%、98.12%、92.65%和99.55%。与此同时，林农的投保意识也在不断提高，商品林保险逐年扩大。9个省份样本农户参与商品林保险的比例从2012年调研时的36.2%逐步上升到2020年的67.07%。调研组责成5个省份12个县区提供的139个样本村参加森林保险的数据显示，截至2020年年底，森林保险总面积达到1165448.62亩，其中生态林573422.78亩，商品林592025.84亩。商品林参保面积超过生态林（表1-3）。

表1-3 截至2020年年底5个省份139个样本村参加森林保险情况　　　　亩

省份	县区	样本村数（个）	保险总面积	生态林面积	商品林面积
四川	沐川	9	11119.70	5760.70	5359.00
	南部	9	1593.46	618.00	975.46.00
	南江	12	29491.75	9305.55	20186.20
	马边	11	12895.93	2255.52	10640.41
	合计	41	55100.84	17939.77	37161.07
江西	兴国	15	136742.85	64345.80	72397.05
	崇义	12	179088.50	41362.90	137725.60
	修水	15	116781.18	53677.70	63104.10
	合计	42	432613.15	159386.40	273226.75
广西	环江	9	96220.31	58885.71	37334.60
河北	易县	9	6146.00	1967.00	4179.00
	平泉	15	144870.32	85230.90	58672.42
	合计	24	150049.32	87197.90	62851.42
安徽	金寨	17	251633.00	170290.00	81343.00
	休宁	6	179832.00	79723.00	100109.00
	合计	23	431465.00	250013.00	181452.00
总计		139	1165448.62	573422.78	592025.84

4. 林权流转逐步规范

由于各级政府的高度重视和林权交易市场的渐趋规范，林农对林权流转办理的满意度逐年提高。5个调研年度样本农户对"当前林权流转是否规范"持肯定回答的比例分别为41.37%、49.11%、51.96%、62.85%和71.81%，呈现出明显的梯次升高态势（表1-4）。

表1-4 林农在问卷调查中评价当前林权流转是否规范的情况　　　　%

问题内容	2012年	2014年	2016年	2018年	2020年
流转规范	41.37	49.11	51.96	62.85	71.81
流转比较规范，需要改进	56.68	46.22	44.79	31.39	26.98
流转不规范	1.95	4.67	3.25	5.76	1.21

（三）创建了许多可复制、可推广的工作经验

近年来，通过国家林业和草原局组织开展的先后两轮集体林综合改革试验和各地在改革

过程中的积极探索，建立起来的各种新的体制机制和工作经验，为全面深化改革，推进现代林业向更高层次发展奠定了坚实基础。

二、生态状况有了明显好转

调研显示，集体林改所取得的最明显的成效是森林资源的大幅度增加。据统计，从2008年集体林改全面启动的第一年到2020年年底，江西、河北、陕西、四川、广西等5个被列入首批样本省份的样本农户权属林地面积由99.31万亩增加到167.55万亩，增长比例为68.71%（表1-5）。

表1-5 样本农户权属林地总面积变化统计表   万亩

年份	四川	江西	广西	河北	陕西	总计
2008	12.22	29.66	18.01	12.00	27.41	99.31
2020	25.48	35.48	18.31	19.39	68.89	167.55

所有9个样本省份从2008年第七次全国森林清查林地总面积120860.4万亩，森林覆盖率平均34.92%，集体林地60825.3万亩，集体林占森林总面积的50.33%，上升到2018年第九次全国森林清查时森林总面积122946.9万亩，森林覆盖率平均37.58%，集体林地75424.65万亩，集体林占森林总面积的61.35%。林地总面积增加2086.5万亩，集体林面积增加14599.35万亩，森林覆盖率增加2.66个百分点。集体林占林地总面积的比例增加11.02个百分点，其中增加幅度最大的有河北、陕西、北京、广西、重庆，分别增长10.78、13.88、14.2、26.06和33.64个百分点（表1-6）。

表1-6 全国第七次和第九次森林资源清查数据对比   万亩

清查次第	项目	北京	四川	江西	广西	河北	陕西	安徽	重庆	山东	总计
第七次	林地总面积	1521.90	34674.90	15823.80	22446.75	10580.55	18087.00	6591.00	6002.70	5131.80	120860.40
	森林覆盖率(%)	31.52	34.31	58.32	52.71	22.29	37.26	26.06	34.85	16.72	34.92
	集体林面积	716.10	9810.45	12923.85	14181.90	5045.55	6577.05	5041.35	2922.90	3606.15	60825.30
	占比(%)	47.05	28.29	81.67	63.18	47.69	36.36	76.49	48.69	70.27	50.33
第九次	林地总面积	1606.50	34674.90	16198.50	22446.75	11634.60	18551.85	6591.00	6002.70	5240.10	122946.90
	森林覆盖率(%)	31.72	34.31	61.16	60.17	26.78	43.06	28.65	34.85	17.51	37.58
	集体林面积	984.00	10481.55	13490.70	20032.35	6802.50	9320.70	5562.30	4942.20	3808.35	75424.65
	占比(%)	61.25	30.23	83.28	89.24	58.47	50.24	84.39	82.33	72.68	61.35

三、农民开始从林地经营获得收益

林农的承包权得到进一步巩固，林地经营权逐步放活，林农和社会各类新型林业经营主体开始获得一定的林地承包和经营收益。调研显示，广大林农对林改赋予的林地承包权和经营权以及由此获得的财产权和经济收益给予了充分肯定。9个样本省份2010—2020年6个调研年度，样本农户对"林改对你家是否有好处？"持肯定回答的比例高达80.00%、84.06%、

79.36%、84.66%、79.84%和84.54%；问及之所以认为林改有好处的原因，样本农户回答最多的是"经营林地增加了家庭收入"占比为：38.98%、33.71%、51.08%、46.40%、41.76%和47.31%；回答"增加了家庭拥有的财产"的占比为48.38%、52.02%、64.77%、68.23%、69.32%和43.46%；回答"林地流转增加了收入，税费改革减少了支出"的占比为：8.37%、8.65%、8.62%、8.21%、3.55%和3.25%（表1-7）。

表1-7 林农在问卷调查中回答林改有好处原因的肯定均值 %

问题内容	2010年	2012年	2014年	2016年	2018年	2020年
经营林地增加了家庭收入	38.98	33.71	51.08	46.40	41.76	47.31
增加了家庭拥有的财产	48.38	52.02	64.77	68.23	69.32	43.46
林地流转增加了收入	1.62	2.59	2.31	2.88	2.13	2.16
改革减少了税费支出	5.75	6.06	6.31	5.33	1.42	1.09

集体林改对林农收益的影响主要来自两个方面：一是通过承包林地的用材林采伐、经济林油料林果、林下经济种植、养殖、采集等增加经营性收入；二是从公益林、林木良种、森林抚育、造林营林、林业产业、林下经济、天然林禁伐、天保工程管护等项目补贴和林地流转获得收益。

各类林业补贴农户收益最多最普遍的是森林生态效益补偿。8个省份13471户样本农户，受益面积达到664125.23亩，享受补贴212.13万元，户均收益259.5元。受益面积仅次于森林生态效益补偿的是造林补贴。其中北京市的补贴标准最高，每亩平均达到333.5元；其次是农户直接享受森林抚育补贴的四川、江西、河北、安徽4个省。低产低效林改造、林业产业和其他补贴大多集中于新型林业经营主体。低产低效林改造补贴，江西省1个林业龙头企业改造林地651.7亩，获得补贴12万元。重庆、江西、安徽3个省份4个主体建设特色经济林基地4240.9亩，获得林业产业补贴220.196万元（表1-8、表1-9）。

表1-8 2020年度农户及各类主体享受林业补贴情况（一）

省（自治区、直辖市）	造林补贴				森林抚育补贴				森林生态效益补偿			
	获得补贴		补贴面积（亩）	补贴金额（元）	获得补贴		补贴面积（亩）	补贴金额（元）	获得补贴		补贴面积（亩）	补贴金额（元）
	农户数	主体数			农户数	主体数			农户数	主体数		
北京	800	0	874.44	291630.00	0	0	0.00	0.00	0	0	0.00	0.00
四川	0	0	17379.90	1305150.00	0	0	1549.11	30982.20	412	0	81348.50	1496490.14
江西	92	0	5111.90	1865275.50	11	0	1974.30	186490.50	1739	0	63672.90	1135589.80
广西	233	0	1454.70	265837.50	0	0	0.00	0.00	1202	0	14674.65	231125.70
河北	234	0	570.00	85500.00	241	0	8832.65	883265.00	426	3	84067.47	834869.70
陕西	0	0	0.00	0.00	0	0	0.00	0.00	2355	0	263773.58	3495771.47
安徽	1468	2	19528.00	383649.00	0	1	6000.00	600000.00	6842	2	147582.60	2121294.45
重庆	0	0	0.00	0.00	0	0	0.00	0.00	495	0	9005.53	114820.50
总计	2827	2	44918.94	4197042.00	252	1	18356.06	170073.77	13471	5	664125.23	9429961.76

表 1-9 2020 年度农户及各类主体享受林业补贴情况（二）

省（自治区、直辖市）	低产低效林改造补贴				林业产业补贴				其他补贴			
	获得补贴		补贴面积（亩）	补贴金额（元）	获得补贴		补贴面积（亩）	补贴金额（元）	获得补贴		补贴面积（亩）	补贴金额（元）
	农户数	主体数			农户数	主体数			农户数	主体数		
四川	0	0	0.00	0.00	0	0	0.00	0.00	0	0	1513.00	23754.10
江西	0	3	651.70	120000.00	0	2	4158.60	1944345.00	0	2	1185.00	118500.00
广西	0	0	0.00	0.00	0	0	0.00	0.00	0	0	0.00	0.00
河北	0	0	0.00	0.00	0	0	0.00	0.00	0	10	583.65	5836.50
陕西	0	0	0.00	0.00	0	0	0.00	0.00	0	0	0.00	0.00
安徽	0	0	0.00	0.00	0	1	0.00	200000.00	0	2	2736.00	109000.00
重庆	0	0	0.00	0.00	0	1	82.30	57610.00	0	0	0.00	0.00
总计	0	3	651.70	120000.00	0	4	4240.90	2201955.00	0	14	6017.65	257090.60

四、林区和谐持续向好

集体林改的深入开展，有效促进了农村社会经济发展和林区的和谐稳定。广大林农、各类林业经营主体和基层干部对改革给予了高度肯定和一致拥护。林农和社会各类新型林业经营主体造林营林积极性明显提高。样本农户表示集体林改之后，林农造林积极性"明显提高"和"有所提高"的比例始终保持在平均70%左右（表1-10）。

表 1-10 林农在问卷调查中回答林改后造林积极性提高的肯定均值   %

问题内容	2012 年	2014 年	2016 年	2018 年	2020 年
林农的生产积极性明显提高	22.59	35.90	18.88	34.55	33.29
林农的生产积极性有所提高	45.61	47.34	43.67	36.07	36.10
林农的生产积极性没有提高	31.20	15.16	35.37	28.45	29.35
林农的生产积极性下降了	0.60	1.60	2.07	0.93	1.26

林权纠纷近乎"清零"。经过各级林业主管部门和农村党政基层组织以及林权纠纷调处机构的不懈努力，截至2020年年底，9个样本省份有5个实现了林权纠纷所有积案100%的清理化解。其余4省份留待解决的纠纷也仅有44起，涉林面积不到1000亩（表1-11）。

表 1-11 截至 2020 年年底样本农户林权纠纷解决情况

省份	样本乡镇数	样本村数	林权纠纷解决情况					
			现有纠纷件数	涉及纠纷户数	涉及林地面积（亩）	解决纠纷宗数	解决纠纷户数	解决林地面积（亩）
北京	3	9	0	0	0	0	0	0
四川	14	41	0	0	0	0	0	0
江西	16	48	35	56	460	50	107	667
广西	5	15	6	25	460	2	2	32
河北	9	27	0	0	0	0	0	0
陕西	10	30	1	2	5	3	6	15

(续)

省份	样本乡镇数	样本村数	林权纠纷解决情况					
			现有纠纷件数	涉及纠纷户数	涉及林地面积（亩）	解决纠纷宗数	解决纠纷户数	解决林地面积（亩）
安徽	8	23	2	151	45	1	5	30
重庆	2	5	0	0	0	0	0	0
山东	3	9	0	0	0	0	0	0
总计	70	207	44	234	970	56	120	744

综合分析调研显示的所有结果，调研组认为，集体林改经过十多年的努力，改革之初确定的生态良好、农民增收、林区和谐稳定的目标已经得到初步实现。

存在的问题

一、林权改革的工作力量薄弱

新一轮党政机构改革后，不少地区存在林业管理机构裁撤，人员压缩，职能弱化，工作缺乏连续性的问题。2020年和2021年两个年度调研的43个样本县（市、区），改革前的林业局均为政府的职能部门。改革后继续保留原政府职能部门的只有24个县（市、区），其余均改为由自然资源局领导管理的工作部门。河北省168个县（市、区）只有18个单独设立了林业和草原局，绝大多数将职能整合到自然资源和规划局。四川省183个县（市、区）仅有83个县单独设有林草部门。需要引起注意的是，此轮机构改革后多数地区取消了专门负责集体林改的工作机构。调研组认真调阅了15个省份32个样本县林业主管部门机构改革的"三定方案"，并实地了解了各县林业部门内部科室的设置情况。32个样本县专门设置负责集体林改职能科室的林业主管部门只有4个；"三定方案"明确集体林改与其他业务科室合署办公的有1个；将林改职能整合到人事教育、计划财务、产业发展、国土绿化、资源管理、野生动植物保护、森林防火等其他业务科室的有24个；在"三定方案"中没有明确对林改职能由哪个科室履行的有3个。四川省林业和草原局反映，该省多数市县集体林权管理机构不明确、人员不稳定，林权管理服务缺位。作为林业最基层管理机构的乡镇林业站，大多下放乡镇与其他部门合署办公。部分乡镇不仅取消了林业站的建制，甚至没有设置负责林业工作的专职人员，基层集体林改工作严重削弱。

二、"三权分置"改革有待进一步深化

（一）林农承包林地经营效益较差

调研显示，部分地区适林地经营与实现农民增收的期望目标尚有很大距离。在2020年度的调研中，12个省份和9个省份分别有15.37%和15.46%的样本农户表示"林权改革制度对农户没有好处"，认为"林改没好处，是因为林地经营收益不好"的比例分别达到35.99%和39.30%；另分别有31.67%和33.04%的农户表示"林改没好处，是因为没有经营林地兴趣"。

导致农户缺乏林地经营兴趣的原因，从实质上讲也在于不尽如人意的林地经营效益。

（二）林地承包延期政策亟须明确

按照《中华人民共和国农村土地承包法》（以下简称《农村土地承包法》）规定，草地、林地承包期届满后，依照耕地进行相应延长。目前农业农村部门已经开始部署耕地承包到期延期工作，而林地承包延期工作还没有明确如何开展。江西省林业局提供的数据显示，目前该省剩余承包期不超过一个轮伐期的林地面积达2600多万亩，占家庭承包总面积的31.7%。延期政策的不确定成为制约社会资本进入林业和林权流转的重要因素。

（三）林地确权登记进展缓慢

2016年国家实行不动产统一登记之后，林权权属证书由不动产登记机构统一登记颁发。调研显示，时至今日绝大多数地区仍然存在部门之间衔接不顺畅，林业与不动产登记部门职责划分不明晰，原林业部门发放的林权证存在林权类型定位不准确等诸多问题，不动产登记工作迟迟不能启动。登记发证工作迟缓的另一个原因是，绝大多数地区林业和自然资源部门没有专门的测绘机构，不动产登记的林地测绘，只能委托民营公司进行，而民营公司收费标准普遍较高，安徽省金寨县的测绘费用高达每亩254元，制约了农户的办证意愿，严重影响了登记工作的正常进行。

（四）林权流转有待进一步规范

一是相当一部分地区尚未建立规范的林权交易市场，林权流转平台建设滞后，流转信息不对称，林地流转大多未经过政府主办的林权交易市场。两个调研年度12个省份和9个省份发生流转的样本农户"通过村集体、村民小组统一组织流转出去"的比例分别为70.59%和66.67%。农户与农户、农户与经营主体之间私下流转的比例分别为29.41%和33.33%。在对"今后您更愿意采取何种途径流转林地"的回答中，样本农户选择最多的还是"由村集体、村民小组统一组织"，占比分别为81.93%和81.35%；选择"自行直接交易"的占比分别为16.39%和17.17%；选择"在林权交易中心流转"的比例仅分别为4.62%和3.73%。在对样本农户对林权交易中心流转服务评价的了解中，回答"通过林权交易中心流转手续有点麻烦"的比例分别为61.94%和63.86%；回答"通过林权交易中心流转手续十分烦琐"的比例分别为29.03%和27.71%；回答"通过林权交易中心流转手续非常方便"的比例仅分别为9.03%和8.43%。从林权流转的现状和样本农户对林权交易中心提供服务的评价看，建立和完善统一规范的林权交易市场，提升对林农的服务质量水平，是推动林权流转，实现林业适度规模经营必须着力解决的一个重大问题。

二是林农流转意愿不强。调研显示，2019年和2020年两个调研年度12个省份和9个省份样本农户表示"愿意将自家承包林地林木采取转让、合股等方式由别人代为经营或联合经营"的占比分别为39.28%和39.77%。相反表示"不愿意"的比例却分别高达60.72%和60.23%。问及无流转意愿样本农户不愿意流转的原因，回答"自己经营管理效益更好"的占比分别为57.91%和56.97%，"担心出现产权、分配等方面纠纷"的比例分别为39.97%和40.45%。在这种思想观念的支配下，样本农户实际发生流转的比例仅分别为6.35%和6.94%。在发生流转的农户中，"因为缺乏劳动力"不得已流转的比例分别为27.78%和25.00%，"因为政府有奖励，鼓励流转"的比例分别为11.11%和16.67%，转出林地是因为"急用钱"的比例分别为5.56%和8.33%。对"将来有无将自家林地流转出去的打算"持否定回答的比例分别达到88.31%和90.94%。

三是林地流转后的开发率较低。部分样本县反映，流转山林存在开发利用不够甚至闲置现象，林地流转效益较差。

四是森林资产评估体系亟待建立。各地森林资源资产评估师资格认定部门不明确，社会中介评估组织缺乏专业的森林资源资产评估人员，交易价格评估不科学，林地价格与估价不平衡等问题普遍存在。

（五）对新型林业经营主体的培育力度有待进一步加强

调研显示，近年来各地的新型林业经营主体有了长足发展。但从整体上看，主体规模企业少，小企业同类企业多，技术和基础设施建设不足，产业结构不尽合理，生产水平较低等问题仍然是各级政府必须严肃面对的现实。许多地区由于受林业市场主体发育不完善，农村青壮年劳力外出务工多、林业经营效益差等多种因素的制约，相当一部分主体处于有名无实的空壳状态。一些开始运行的主体运行质量也不是很高，没有发挥出对农户应有的示范带动作用。调研显示，两个调研年度12个省份和9个省份已经成立林业合作组织的样本村，到2020年没有参加合作组织样本农户的比例依然分别高达70.95%和80.80%。进一步了解之所以"没参加林业合作组织的原因"回答"没什么好处"的比例同样分别高达80.67%和76.14%。

（六）对林业产业、林下经济的支持力度需要进一步加大

一是部分地区决策管理层对林业既保护生态又发展经济的双重属性认识存在偏差。在实际工作中，只强调严格保护，不注重科学利用，个别地区和部门甚至将保护和发展利用对立起来，认为发展利用了就会对生态造成破坏，导致在发展林业产业上束手束脚，主观能动性不强，内生动力不足。

二是林业区域发展政策落实不到位。国家林业和草原局确定的"东扩、西治、南用、北休"的林业区域发展战略没有得到很好地贯彻落实。在林木采伐限额管理上考虑区域差异性不够，对南方林业优势产业、林下经济支持倾斜力度不大。以南方集体林区的林业大省江西为例，全省实行限制采伐措施的森林面积占全省森林总面积近75%，可供经营利用的森林资源非常有限，在很大程度上制约了林业产业和林下经济的发展。

三是林业资金投入不足。目前，国家对林业的投入以补助性质为主，且标准偏低。林业资金投入主要集中在第一产业，对林业二、三产业投入几乎处于空缺状态。

四是林业基础设施建设欠账较多。两个调研年度12个省份和9个省份样本农户对调查问卷所设置的"目前林业哪些方面迫切需要改善"几个选项，按照关注程度依次为：回答"林区道路"的比例分别为64.67%和61.60%；回答"林业有害生物防治"的比例分别为41.77%和42.85%；回答"林业防火"的比例分别为35.03%和34.48%；回答"科技支撑"的比例分别为20.51%和19.11%。

五是国家对产业部门的支持有失平衡。部分样本县反映，近年来中央财政对农业部门发展农民合作社、示范园区等新型经营主体予以资金支持，但对林业部门发展专业合作社却缺乏必要的扶持政策。

六是产业结构尚需进一步调整。从整体上看，目前各地林业产业还存在产业链条短，初级产品多，知名品牌少，龙头企业带动不足，缺乏先进技术等方面的问题，尚处于初级发展阶段。

三、林木采伐限额管理有待进一步完善

林木采伐限额管理制度实施以来，对保护森林资源、确保国家生态安全发挥了重要作用，但在实践中随着时间的推移，也逐步出现了一些需要给予完善的环节和相应调整的政策规定。

（一）限额管理偏重于资源保护，在一定程度上忽略了资源的合理利用

一是个别地区以实现"双增"目标为由，人为压缩经过科学测算和严格把关后确定的林木采伐指标，形成了一方面采伐指标积压，另一方面林地经营者得不到采伐指标的不正常局面。某样本县的林业经营主体反映，由于采伐指标限制，无法按计划实施采伐，造成了经济上的巨大损失。部分农户则在得不到采伐指标的情况下强行实施采伐，出现了乱砍滥伐现象。

二是对满足林业生产经营需求正当的占用少量林地的采伐管得太死，制约了新型林业经营主体和林农的生产经营。部分地区林地资源丰富，却因得不到采伐指标无法修建林区道路实现不了采伐，造成资源的不必要浪费。在调研过程中，一些农户反映，为解决这一问题他们自行在林区修建道路，却因此受到处罚。四川省沐川县反映，农民在无法得到采伐指标时，还出现了违规现象。

（二）采伐限额管理政策规定存在"一刀切"问题

一是考虑地区差异不够。林木采伐指标一方面表现为在北方缺林少树地区指标大量剩余，另一方面南方林木资源富集地区指标严重缺乏的现实。广西壮族自治区平果市每年只有70万立方米的采伐指标，与120万立方米的需求量形成较大反差，导致许多木材加工企业减产停产。

二是考虑不同情况、不同需求不够，缺乏对重大工程项目和社会其他主体使用采伐指标的统筹安排。例如重庆市武隆区近年来实施的高铁、高速、特高压和电力线路安全廊道等工程，在优先保证工程采伐需要的情况下，明显造成了林农和各类林业经营主体对采伐指标需求的挤压。

四、林业金融支持有待加强

（一）林权抵押贷款推进难度大

受抵押物监管难、处置难和收储机制尚未建立等因素影响，中央和地方银行普遍不愿承接林权抵押贷款业务。部分地区的个别银行在开办不久就中止了该项业务。遂川县农商行表示，之所以停办该项业务：一是承包到户的林地主要为一家一户分散经营，贷款需求不会太大，小额贷款完全可以凭借信用贷款获得；二是林权抵押贷款监管困难，银行难以确保贷款真正用于林业经营；三是林权抵押受一系列因素影响很难成为优质抵押品。加之林权收储担保机制滞后，银行一旦审批通过放贷，将面临违约无优质资产可执行的困境，从客观上制约了金融机构承接林业贷款的主观意愿。与此同时，目前各地已在实施的林权抵押贷款尚存在贷款门槛高、附加条件多、贷款期限短等问题，与林业生产周期长、投入大、见效慢的特点不相适应，无法满足林业生产经营者的投资需求。

课题组为全面了解样本农户获得林权抵押贷款和贷款使用情况，特别调取了2017—2020年4个年度，12个省份和9个省份农户问卷的数据。数据显示，2017年12个省份样本农户获得贷款比例为2.35%，到2019年下降到0.97%；9个省份2018年样本农户获得贷款比例为2.10%，到2020年下降到0.48%。贷款真正用于林业生产经营的，12个省份在31%～33%之间。而9个省份在2018年度尚有39.13%的比例，到2020年则将贷款完全用于其他方面（表1-12）。

表1-12 2017—2020年12个省份和9个省份林权抵押贷款及使用情况　　%

问题内容	2017年肯定均值 12个省份	2018年肯定均值 9个省份	2019年肯定均值 12个省份	2020年肯定均值 9个省份
您获得了林权抵押贷款	2.35	2.10	0.97	00.48
您未获得林权抵押贷款	97.65	97.90	99.03	99.52
将林权抵押贷款用于林业生产	31.58	39.13	33.33	0.00
将林权抵押贷款用于农牧渔生产	26.31	21.74	22.22	0.00
将林权抵押贷款用于日常生活	21.05	13.05	22.22	0.00
将林权抵押贷款用于工业生产	0.00	0.00	22.22	50.00
将林权抵押贷款用于发展商业	21.05	26.09	22.22	0.00
将林权抵押贷款用于其他方面	5.26	4.35	11.11	50.00
没有获得过贷款的原因是不需要贷款	81.41	86.41	72.53	75.27
没有获得过贷款的原因是贷款门槛太高	1.16	1.04	3.07	2.70
没有获得过贷款的原因是利息太高	1.16	1.30	0.74	0.90
没有获得过贷款的原因是手续太麻烦	2.54	3.65	3.41	2.60
没有获得过贷款的原因是不了解具体政策	11.89	9.39	25.36	23.12

（二）各项林业贷款贴息规模小、范围窄

目前，国家和地方财政林业贷款贴息，依据《林业改革发展资金管理办法》规定，重点支持森林资源管护、国土绿化和国家储备林建设。对林业产业、林下经济和林业第二、第三产业发展缺乏必要的政策性贷款贴息支持。

（三）森林保险的实施范围需要进一步扩大

一是目前的森林保险尚存在职能部门宣传贯彻不到位，部分地区林农对保险政策了解不够，风险意识淡薄，投保意愿低下的问题。2019年和2020年的调研结果显示，生态林大多由政府统保。商品林保费由政府资助大部分，农户负担小部分，即便如此农户参保的积极性依然不高。目前尚未参加商品林森林保险的样本农户，对调查问卷"是否愿意参加森林保险"持否定回答的比例分别高达56.27%和71.06%。之所以不愿意投保，多数样本农户回答"因为林地收益不高，没有投保必要"，占比分别为65.23%和77.75%。

二是部分地区还存在保险理赔难、理赔周期长、风险保障预期效果差等方面的问题。

五、生态公益林管理、生态效益补偿机制有待规范加强

（一）补偿标准偏低

一个时期以来，尽管国家和地方财政都在逐年提高生态公益林的补偿标准，但补贴标准

与同等林地经营收入相比仍然存在较大差距。直接影响了农户对公益林管护的积极性，部分经营者甚至通过违法采伐的方式破坏公益林。同时，我国区域间生态补偿机制还不够完善，事实上的"少数人投入，多数人受益。部分区域投入，全社会受益。欠发达地区投入，发达地区受益"的问题还没有得到很好解决。

（二）公益林补偿存在较大缺口

部分省份公益林补偿尚未完全落实到位。陕西省13901万亩公益林，只落实补偿面积6672万亩，仅占公益林总面积的48.00%。商洛市镇安县区划省级公益林126.07万亩，享受公益林补偿资金面积85.21万亩，占比为67.60%。针对这一问题，基层林业部门为了让所有被划入公益林的林地都能获得补偿，只能降低标准为林地承包者发放补贴。

（三）生态公益林国家级和地方级补偿标准不同步，在操作中存在一定问题

主要表现为在同一生态区位的同等林地，由于公益林划分等级的不同，享受的补贴标准也就不同，客观上存在不公平。一些地区地方公益林占比几乎与国家公益林相当，个别地区由于财政困难，地方公益林几乎没有任何补贴，从而引发了许多亟待解决的矛盾。

（四）公益林补贴发放尚欠规范

一是部分地区将公益林补贴作为福利性资金，不论农户有无公益林一律按户或按人口平均分配；二是一些村集体将公益林补贴全部用公益事业开支，甚至用来支付村干部工资补贴，公益林补贴并没有发挥应有的森林管护作用。

（五）生态公益林区划，少数地区存在缺乏民主、不够科学、不尽合理的问题

调研显示，部分地区公益林区划是在未经过村民代表大会充分讨论，甚至在林农毫不知情的情况下，由林业主管部门直接确定，导致了公益林范围划分欠妥、林地承包者和经营者承担悬殊等方面的问题。两个调研年度12个省份和9个省份样本农户对"你家林地划入公益林是属于政府指令性分配"持肯定回答的比例分别为74.67%和78.65%；回答"你家林地划入公益林是属于村里强行分配"的比例分别尚有2.78%和3.87%；回答"你家林地划入公益林是经村民大会讨论本人同意"的比例仅分别为13.11%和11.42%。回答"你家林地划入公益林是属于农户自愿参加"的比例则更是分别低到9.44%和6.15%。

在公益林划分的布局上，有16.84%和16.25%样本农户的林地全部划入公益林。与此形成对比的是，60.99%和63.69%比例的样本农户没有一亩林地划入公益林，引发了部分林农和林业经营主体很大程度的不满。加之划入公益林后林地经营者的利益受损，一些主体和林农强烈要求退出公益林。

在公益林管理上出现的诸多问题，既有组织管理和操作层面的失当，也有动员宣传工作的缺位。森林生态效益补偿已经实施了近20年，在调研时，两个调研年度样本农户回答"不了解国家公益林补偿政策和补偿标准"的比例仍分别高达62.48%和62.46%。

（六）生态公益林的林下经营几乎处于空白状态

两个调研年度12个省份和9个省份样本农户表示"没有在生态公益林开展林下经营"的比例分别为97.91%和98.43%。样本农户给出没有开展林下经营的原因主要有三个方面：一是因没有林区道路、林木茂密等因素制约"不方便"经营，占比分别为35.48%和33.20%；二是因经营林业周期长、投入大、效益差和习惯于农业生产和其他方面的自主经营而"不愿意"经营，占比分别为17.47%和20.90%；三是想经营而"不懂经营"的占比分别为12.50%和11.48%。

（七）生态公益林管理缺乏必要的人力、物力和财力

生态公益林管理的突出特点是林地覆盖面广，补贴兑现面积大，涉及户数多，日常监督检查验收难。在目前乡镇林业站撤并，人员减少和缺乏工作经费的情况下，公益林管理和森林生态效益补偿的实施受到很大程度的制约。

六、林业各项补贴未专款专用的问题普遍存在

调研显示，近年来林业各项补贴存在的最为普遍的问题是，多数资金被地方政府实施捆绑，用于扶贫或者其他领域的工程项目。相当一部分地区的资金交由国有林场或者通过招投标由相关经营主体统一实施，林农很少得到相应补贴。河北省张北县2017年以来的国家级公益林生态效益补偿基金全部由地方财政整合使用。

七、制止耕地"非农化""非粮化"对林业造成一定冲击

中央明确制止"非农化""非粮化"的决策无疑是正确的。但在实际操作过程中也出现了一些需要注意并加以合理解决的问题。多地反映，目前作为处理"非农化""非粮化"主要依据的第三次全国国土调查数据与林业部门掌握的情况和林地实际存在一定差异。比如退耕还林工程形成的林地，在工程实施时大多通过严格的审核，是在国家规定的25度坡耕地进行的，第三次全国国土调查却将其列入属于清理范围的他类土地。河北省平泉市将退耕还林生态林中的杏树地划分为草地。山东平邑县部分板栗林由原本的公益林改变为果园和其他土地。部分地区已经据此展开了清理。这种部门间在资源数据、林地类型划分、清理范围和政策把握执行上存在的差异，如果沟通协调不到位必然会对森林资源的保护造成一定冲击甚至无可挽回的损失。

对策建议

一、着力健全和完善集体林改组织领导体系

当前，集体林改已进入全面推进目标实现的关键阶段，改革的组织领导只能加强不能削弱。各地应全面检视新一轮党政机构改革各级林业管理部门的设置和运行情况，从进一步深化改革的大局出发，建立健全省市县自上而下的集体林改组织领导体系。重新组建的林业管理部门尚未设置或者撤销林改管理机构的，要积极争取当地党委政府，协调组织、编制、人事部门尽快设立或恢复负责林改的专职机构。对设置专门机构确有困难的，也要明确代行林改职责的部门机构并配齐配强专职工作人员。与此同时，抓紧明确并理顺林草职能部门与不动产登记部门的工作职责。建议自然资源部、国家林业和草原局及有关部门要加强协调研究，制定出台适合林权类登记、抵押、资产评估、费用收取等方面的政策规定，全力加快林权类不动产登记的工作进程。

二、高度重视，全力组织实施主体改革的"查缺补漏"工作

主体改革遗留的在林地确权发证环节存在的诸多问题是林权纠纷多发并久拖不决的主要根源，是制约改革顺利推进，特别是"三权分置"实施的重要障碍，必须下决心彻底解决。在工作职责上，进一步明确"查缺补漏"由林业主管部门全权负责，并且严格限定时间，保质保量完成任务。鉴于部分省份欠账较多，工作任务繁重，查补工作需要大量经费的实际情况，中央和地方财政可核定一定投入并列入预算定期拨付，确保查补工作的顺利进行。

三、注意做好集体林权综合改革试验示范经验的总结推广工作

近年来，各地在持续推进集体林改的过程中，特别是在全国范围先后开展的两批集体林权综合改革试验示范，创造积累了许多可借鉴的先进经验。各级人民政府尤其是林草管理部门一定要注意及时总结并在实践中全力推广，以此推动集体林改的深入开展。

四、将"三权分置"作为推动改革目标实现的关键举措

（一）尽快部署林地承包延期工作

在明确延期相关政策和时限的基础上，抓紧落实延期实施主体并尽快开展工作，进一步巩固林农的承包权和各类新型林业经营主体的经营权。

（二）全面放活林地经营权，确保承包者和经营者的处置收益权

1. 进一步规范林权流转

加强和完善林权交易平台建设和管理，着力提升社会化服务水平和质量，为林农和林地经营者提供方便快捷、精准高效的服务。

2. 建立健全规范的森林资源评估机构和规章制度

抓紧建立属于林业管理部门或者经林业管理部门审查认可的社会评估机构，规范开展森林资源评估。同时建立森林资源评估机构科学的森林资产评估制度。选择有关省份开展量价分离的森林资源资产评估试点，允许试点区内委托具有相应资质的林业调查规划设计机构对集体林开展以森林面积、蓄积量等实物量为主的核查评估，出具的核查评估报告，作为开展森林合作经营的相关依据。

3. 进一步完善林木采伐限额管理制度

一是从我国幅员辽阔，区域林情差异突出的实际出发，制定不同的限额管理办法，核定不同的采伐限额。二是按照先行试点，取得经验后再行推开的原则，确定部分省份选择不同区域、不同林种树种结构、不同立地条件、不同龄组的人工商品林，开展不同强度的主伐、抚育采伐对比试验，评估效果后加快修改完善森林采伐技术规程，最终实现完全放开个人所有的人工商品林的采伐限额管理，由林农和林业经营主体自主决定采伐和造林更新。三是合理放宽林地占用相关政策限制。允许林农和各类新型林业经营主体依法合理占用一定林地，为发展林业二、三产业实施包括林区道路、生产加工、水利电力等基础设施建设，助力地方

经济发展和乡村振兴。四是全面落实林业区域发展战略。适度放开南方集体林区森林经营限制，除自然保护区林木、生态区位重要、敏感、脆弱地区生态公益林不得经营采伐外，允许对其他区域林木开展科学经营，充分发挥南方集体林区林业生态建设的主体优势。

4. 多方位探索生态产品的价值实现机制

一是进一步完善生态补偿机制，有序推进不同生态区位横向生态补偿机制。二是积极创造条件，逐步扩大重点生态区位森林赎买改革试点范围。三是全面推进森林碳汇交易。尽快将森林碳汇交易作为抵消机制纳入全国统一碳市场。由国家林业和草原局制定出台相关支持鼓励政策，建立健全科学有序的交易机制和操作规则，加大对各地开展森林碳汇交易的指导协调，让更多的林农从碳汇林业中得到收益。四是大力推广重庆市和贵州省锦屏县实施"林票"制度的经验，推进林业资产和权益证券化改革。

5. 大力扶持新型林业经营主体建设

加大政策支持力度，积极扶持林业专业大户、家庭林场、农民林业专业合作社、林下经济基地、林业产业示范园区建设，通过项目资金带动、优惠政策扶持、科技人才帮扶等多种措施，培育壮大林业龙头企业。充分发挥新型林业经营主体在发展林业产业和林下经济方面的示范带动作用。

五、切实加大财政金融对林业的支持力度

一是在中央和地方财政增收的情况下，逐年提高包括造林抚育、林木良种、低质低效林改造、森林生态效益补偿、森林防火、有害生物防治、林业产业、林下经济、林业基础设施建设等方面的补贴标准。二是逐步将林业二、三产业纳入中央和地方财政的补贴范围。三是坚决杜绝对林业补贴资金的任何挤占挪用。四是扩大林业贷款贴息范围，尽快出台新的林业贷款中央财政贴息政策，将涉林企业包括造林、林产品加工、林业资源开发利用、森林康养和生态旅游等贷款纳入中央财政贴息范围并适当提高贴息比例。五是支持设立林权抵押贷款风险补偿金，引导建立林业金融服务平台和林地收储托管平台。六是引导银行保险等金融机构"进山入林"，开发符合林业生产特点的政策性金融产品，简化贷款手续，适度降低贷款利率，优化金融服务。七是将林区公路纳入国家和地方交通规划统筹安排，加大对林区公路建设、管理、维护的资金支持，将森林防火应急道路建设项目由国有林区扩大到集体林区。

六、切实加强生态公益林管理，进一步完善森林生态效益补偿制度

一是确保森林生态效益补偿对国家和地方公益林所有区划面积的全覆盖，以前年度没有足额下达补偿资金的地区，要尽快补足历史欠账并保证将补贴发给负责公益林管护的林农、村组或经营主体。二是建立健全生态公益林的退出机制。在公益林的区划布局上，可在确保公益林生态效益的基础上，将适宜经营的林地退出公益林，将不方便经营或不适宜经营的林木区域划入公益林范围。三是对公益林较为分散，林农管护积极性不高的地区，管护统一交由村组集体负责。

七、认真解决林地"非农化""非粮化"的问题

从2020年开始,各地按照国务院办公厅《关于坚决制止耕地"非农化"行为的通知》,陆续开展了对"非农化""非粮化"的调查清理。对此,各级林业主管部门要在坚决执行国家有关要求的同时,积极会同国土部门认真梳理"非农化""非粮化"形成的历史渊源,准确认定"非农化""非粮化"清理纠正范围的界限,科学处理"耕地红线"和"生态红线"二者互为依存、相互促进的关系,避免出现顾此失彼对林业生态建设造成不必要的负面影响。在实践中注意处理好以下几个具体问题:

一是对未经林业部门审批核准,农民自行在耕地中种植的林木,由国土、农业部门直接处置。二是对历年来形成的退耕还林林地,凡经过严格审批且符合退耕还林25度以上坡耕地、严重沙化耕地、严重污染耕地、重要水源地15~25度以上坡耕地实施标准,先后两轮工程退耕后形成的林地不得清理。三是对个别地区由于当时对政策把握不准确,在不符合退耕标准耕地上实施退耕还林形成的林地,能不清理的尽量予以保留。确需清理的,清理后的林地按照"清一补一"的原则实施异地造林,确保退耕还林工程林地的原有规模。四是对已经区划为生态公益林的林地,原则上不列入清理范围。对经过国土、农业、林业部门认定确需清理的,在报请省级林业主管部门获准的情况下,清理后实施异地造林。五是对部分地区反映的林业主管部门与国土部门在对清理范围和对象在认定上存在异议的林地,本着尊重事实的原则协商处理。六是今后的林业生态建设,各地必须依据全国第三次土地调查结果和国土空间规划,合理确定绿化用地空间布局和目标任务,加强造林绿化作业设计审查。无论何种形式的造林,必须坚持实施绿化面积落地上图,新增面积严格按照有关法律法规审批管理,确保不碰耕地红线。

林业

和草原普惠金融和绿色金融相关政策问题研究

2021 集体林权制度改革监测报告

党的十八届三中全会正式提出"发展普惠金融，鼓励金融创新，丰富金融市场层次和产品"。林业和草原的经营主体是普惠金融关注的重点群体，资金需求具有期限长、资金量大的特征，更是增加了信贷服务的难度。林业和草原的发展还具有很强的正外部性，带来经济效益的同时，关乎生态环境保护问题，也是构建环境友好社会的重要组成部分。因此，为林农和牧民提供金融服务，尤其是信贷服务，也是绿色金融关注的问题。

由此，构建可持续的林业和草原普惠和绿色金融服务体系需要政府、金融机构和林业生产主体的共同努力。中国人民银行、银保监会和地方各级政府全面贯彻普惠金融和绿色金融的部署，不断深化改革，完善金融扶持政策体系，引导金融机构增进对林业和草原的服务。如针对林权抵押贷款，2009年，中国人民银行牵头出台《关于做好集体林权制度改革与林业发展金融服务工作的指导意见》，提出做好集体林改和林业发展金融服务工作的一系列措施，其中指出林权抵押贷款作为一项拓宽抵押担保物范围的创新。中国银监会和国家林业局共同印发了《关于林权抵押贷款的实施意见》，对林权抵押贷款的具体实施细则予以规范。2016年11月16日，国务院办公厅印发《关于完善集体林权制度的意见》，更是在文件中明确指出"加大金融支持力度。建立健全林权抵质押贷款制度，鼓励银行业金融机构积极推进林权抵押贷款业务"。

在此背景下，各项金融扶持政策的实施情况如何、效果如何、绩效如何，是值得思考的问题，本项目拟将金融支持林业和草原发展分类后，从政策的初衷、实施过程中的创新探索、效果及不足之处等四个方面分别展开阐释，并提出政策建议，以此促进林业和草原普惠金融和绿色金融服务深化。

关于林权抵押贷款政策

银行发放大额贷款时，往往需要抵押或者担保，解决与借款人之间的信息不对称问题。而林农和林企一直面临无抵押物或抵押物不足的问题，导致融资困难，制约着林业产业和社会经济的发展。如何将林农的林木资源变为金融机构承认的合法抵押物，是解决林农贷款难的重要途径。

因此，2008年党中央、国务院发布《关于全面推进集体林权制度改革的意见》，明确健全林权抵押贷款制度。2013年，中国银监会、国家林业局联合印发《关于林权抵押贷款的实施意见》，明确提出林农和林业生产经营者可以用承包经营的商品林做抵押从银行贷款用于林业生产经营。2017年，中国银监会、国家林业局、国土资源部联合印发《关于推进林权抵押贷款有关工作的通知》，进一步明确了林权抵押贷款政策。

一、针对林权抵押贷款的配套政策探索

在林权抵押贷款开展的过程中，各级地方政策主要是从评估、交易和风险处置体系的建设方面，展开政策探索。

（一）林权评估体系

森林资源资产评估较为复杂，无法避免评估抽样误差或人为操作等可能带来的不利因素，价值确认有很大的伸缩性。由于森林资源评估面临专业性和技术性问题，为更好地把林业资源优势转化为产业优势和经济优势，资产评估机构的选择尤为重要。

部分省出台统一文件，根据金额分类，针对林权资产建立不同的评估制度。2018年10月，贵州省金融办、中国人民银行贵阳中心支行、贵州银监局、贵州省林业厅、贵州省国土资源厅联合印发了《关于绿色金融助推林业改革发展的指导意见》，明确指出银行业金融机构在对抵押林权进行价值评估时，实行分类管理。对于贷款金额在30万以上（含30万元）的林权抵押贷款项目，具备专业评估能力的银行业金融机构可以自行评估，也可以通过森林资源调查和价格咨询等方式进行评估。对于贷款金额在30万元以下的林权抵押贷款项目，银行业金融机构可参照当地市场价格自行评估，不向借款人收取评估费。贵州省2018年已设立森林资源资产评估机构8个，森林资源价值的合理确定，既有利于支持林业发展，也有利于拓宽信贷业务。

（二）林权交易体系

目前，森林资源的流转大部分在民间进行，林木资产的流转体系不健全，林权的依法流转缺乏要素齐全的交易平台。为进一步健全林权转让的市场机制，江西省兴国县成立林业产权交易中心，在不改变林地集体所有性质，不改变林地用途，不损害林农林地承包权益的前提下，各种社会主体通过转包、出租、互换、转让等形式，参与森林、林木和林地使用权流转。自2018年成立以来，共办理林地流转面积511407亩，其中，国有林权流转面积51050亩，国乡联营林权流转面积43967亩，集体林权流转面积416390亩。实现了森林资源资产的有效流转，确保了抵押林权能够及时流通变现。

除林业产权交易中心外，森林资源收储中心也具有规范林权流转，活跃林权交易的功能。森林资源收储是指将可以依法流转的森林、林木的所有权或使用权和林地的使用权，非竞争性地进行收购，并依法出让的森林资源流转行为。2013年10月，贵州省贵定县制定《贵定县森林资源收储管理办法（试行）》，指定县林业局是森林资源收储的行政主管部门，负责森林资源收储的管理工作，林权交易管理服务中心是县森林资源收储工作的执行机构，主要履行开展森林资源收储、为林权抵押贷款提供担保与反担保等职责，化解信贷风险，给银行推进林业贷款吃下"定心丸"（表2-1）。

表2-1 贵州省林地流转情况（2018年）

指标名称			2018年	单位
本年林地经营权流转面积	按林地主体	农户承包	30.25	万亩
		集体保留	11.93	万亩
	按林地类型	公益林	1.97	万亩
		商品林	40.21	万亩
年末林地经营权流转面积	按林地类型	公益林	13.06	万亩
		商品林	243.88	万亩
流转出林地经营权的农户数			15788.00	户
林权交易服务机构数量			28.00	个

(三)林权风险处置体系

当抵押人无法及时归还贷款时,就面临对林权抵押物进行处置的问题。处置林权抵押物主要有两种方法,将林权流转变现或是将林木砍伐后出售变现。林权抵押贷款处置的管理机制特别是林木采伐管理机制的建立尚不完全。为规范林木采伐管理机制,贵州省贵定县政府于2013年10月出台《贵定县林权抵押管理办法(试行)》,指出抵押权人要求以采伐方式处置抵押物时,应按照国家法律法规的规定,向县级林业部门申请办理林木采伐许可证,实行采造挂钩,采伐费用由抵押人承担。抵押人应于当年或次年内,按照当地林业主管部门的规划,完成更新造林,并通过该林业主管部门的造林质量验收和成林验收。对未按照要求完成采伐迹地更新造林任务的抵押人,当地林业主管部门不得再次核发林木采伐许可证。2018年,贵州省林木采伐限额236130.9万立方米,当年林木批准采伐量54064.69万立方米(表2-2)。

表2-2 贵州省林权抵押贷款情况(2018年)

项目指标	数值	单位
1.年初抵押林地面积	89.90	万亩
其中:农户抵押林地面积	41.46	万亩
2.本年新增抵押林地面积	13.35	万亩
其中:农户抵押林地面积	4.47	万亩
3.年末实有抵押林地面积	103.25	万亩
其中:农户抵押林地面积	45.93	万亩
4.年末贷款余额	65176.19	万元
5.年末逾期贷款额	12045.50	万元
6.年末不良贷款额	3200.00	万元
7.贷款农户数量	1251.00	户

二、林权抵押贷款的模式探索

(一)直接抵押模式

林权直接抵押贷款是指林权所有者持林权证直接向银行申请贷款,银行收到相关资料后,对林权资产进行评估,依据评估价值发放的抵押贷款。该贷款模式需要的配套设施措施少,是全国各地推行林权抵押贷款的重要模式。但在该模式中,林权证的流动性特征显得尤为重要,如果林权证流动性较好,那么一旦出现风险后,银行可及时进行风险处置,通过抵押物价值的变现,追回贷款的损失,但如果一旦出现抵押物难以变现的情况,银行将承担相应的损失。

(二)"联保+林权抵押"模式

在该信贷模式中,除了通过抵押物控制风险外,还运用了信贷联保技术,传统的农村社会是一个典型的熟人社会或者半熟人社会。农户之间由于居住相近、生活相通、生产相同、人缘相亲,经常聚集交流和互通有无,信息在"活动圈"内充分流通,即农村经济组织内或者村落内各成员间的信息是对称的。联保贷款正是利用了熟人社会的信息对称优势,将个体信用转化为群体信用,将银行机构的监督责任转化为小组成员之间的监督责任，把银行机构面临的风险转化为小组成员承担的违约风险。在抵押物的基础上，增加了风险控制的方式。

(三)"林权抵押贷款+担保"模式

考虑到林权抵押贷款发生风险后处置难的问题，部分地方将政策性担保机构与林权抵押贷款相结合。如贵州省贵定县计划安排5000万元资金设立农村产权抵押贷款专项风险防控基金，当抵押物不能及时流转时，由流转合作社向防控基金借款，用于支付抵押物流转费用，并用流转费用为贷款人偿还抵押贷款。具体分摊方式按照"4321"式，当出现风险时，由融资担保公司承担40%的风险责任，省担保集团承担30%的风险责任，合作银行承担20%的损失，政府通过设立代偿专项资金承担10%的风险责任。林农承担2%的担保费。

还有部分地区将林权收储中心作为担保人角色。如江西省泰和县提出"收储代偿"模式，对符合贷款条件的贷款人，收储担保中心会同抵押人、金融机构三方签订《林权抵押贷款逾期未还收储协议》，如发生风险，金融机构可以在林权收储担保中心收储资本金中扣除未归还本息，林权抵押贷款的债权转让给林权收储担保中心，由其拍卖。截至2018年3月，泰和县发放"林权抵押+收储担保"贷款4480万元，抵押林地面积达32600余亩。

(四)生态公益林补偿收益权质押模式

公益林补偿收益权是指村集体和个人等公益林权属所有人取得的经济补偿收入。该模式以未来的收益权作为质押，向金融机构申请贷款，一旦出现还款的问题，将由未来补偿收入进行代偿。通过生态公益林补偿收益权质押，林权资产的金融属性被深度激发，通过将未来若干年可预期补偿收入转化为眼前的资金收入，发挥倍数放大效应，进一步拓宽林农融资渠道。

沙县林权抵押贷款演变进程

沙县作为全国农村金融改革示范区，在林权抵押贷款方面进行了诸多尝试。从林权抵押贷款实施的演变模式，可以看出林权抵押贷款模式的不断完善。

（1）经典林权抵押贷款模式。沙县于2003年发放第一本林权证之后，2005年正式开展林权抵押，如果林地价值属于在7000~8000元的成熟林，大概每亩可以获得3000~4000元的贷款，主要参与银行有农业银行、沙县农商行和兴业银行，但探索中发现单纯依靠林地抵押发放贷款，会出现评估难和处置难的问题，金融机构的积极性减弱，农业银行和兴业银行逐步退出，难以继续展开。截至2015年年底，累计仅发放45笔贷款，共2100万元。

（2）"林权抵押贷款+村级融资担保基金"模式。随后，沙县在全国农村金融改革示范区的带领下，进一步展开探索。在林权抵押贷款之外，结合了村级融资担保基金担保，形成"林权抵押贷款+村级融资担保基金"的模式，取名"福林贷"。该模式由三明市于2016年年底首创，并在福州闽清县、永泰县、莆田仙游县推广应用，由农信社（农商行）发放。采取"农民互助担保基金担保+小额林权反担保"方式，即以村为单位成立林业专业合作社，设立村级林业担保基金，村级林业贷款基金由合作社成员出资，能够以1∶5的比例放大，为村民提供贷款担保，村民提供与贷款金额同等价值的林业资产作为反担保。一次授信，年限三年，随借随还，最高额度20万元。该贷款累计发放12亿元，受益农户1.12万户。

该模式在单纯林权抵押的情况下，增加了村级信用共同体的风险防控方式，一旦出现违约，除了抵押物受到处置之外，村民还将影响村级担保基金的资金，受到舆论的谴责，利用熟人社会网络的相互制约，将个体信用增强为集体信用，构建担保共同体，有效地解决了单纯林权抵押贷款处置难的问题，大大提升了金融机构的积极性。该项目获评2017年度福建省金融创新唯一的一类项目。截至调研时，发放贷款12.97亿元，受益农户1.12万户。

但村级担保基金面临着参加需要合作社全体社员同意，如果一旦出现违约，容易引发所有成员共同违约的担保问题，因此在"福林贷"的基础上，林权抵押贷款需进一步完善。

（3）"林权抵押贷款+信用村"模式。2019年沙县农商行推出"金林贷"产品。将林权抵押贷款与整村授信相结合。林农以持有的集体所有制林业合作社或林业股份公司林业股权为资产证明，农商行发放的信用贷款。一次授信，三年内循环使用，一般信用户可达10万元，银牌信用户可达20万元，金牌信用户最高可达30万元。当月，沙县农商银行就给一个村授信3000万元。

"金林贷"进一步弱化了林权的抵押作用，更多地发挥了资产的作用，林地面积与林农的信用贷款额度密切相关，一旦出现风险，也无须通过林权转让获得贷款。

（4）"林权抵押贷款+数字金融"模式。在"金林贷"的基础上，运用互联网和大数据技术，建立白名单，对从事林业产业且个人信用记录良好的农户，给予授信额度并办理贷款，线上申请，立即获得贷款。将传统的信用贷款与数字金融相结合，降低了服务成本，提升服务效率，扩大了风险控制的精准度。

从沙县的林权抵押历程演变可以看出，完全将林权作为抵押的贷款在现阶段国情中，具有一定的难度，林权抵押贷款的实施需要配合其他信贷方式，数字金融的迅速发展为其提供了新的方式。

从林权抵押的整体发展情况来看，实际开展的地区积极性不是很高，余额在减少，还出现了不少不良贷款。究其原因，主要是四点：一是由于经济下行、企业资金链紧张、经营状况恶化及骗贷等原因，暴露出林权抵押贷款不良率偏高、抵押林权处置变现难等问题，导致部分银行停止林权抵押贷款业务。二是林权管理服务机构职能空心化。随着机构改革、不动产统一登记等改革措施的不断推进，林权管理服务机构林权登记、林权交易、权属纠纷调处等职能移交,导致林权管理服务机构职能空心化。三是林权评估机构服务水平参差不齐,使得银行无法对抵押林权进行正确估值。四是风险补偿机制不健全。尽管林权抵押贷款面临着一些客观风险,但福建省却一直没有建立林权抵押贷款的风险补偿机制,既没有对新增额度进行奖励,也没有对银行出现的损失给予补偿。

关于利用绿色金融工具支持林业政策

我国绿色金融体系持续快速发展。绿色信贷、绿色债券相关监管政策已初步构建,绿色保险等金融实践加快推进。截至2018年年末,我国主要银行机构绿色信贷余额约10万亿元,绿色债券发行额约2800亿元,融资规模双双位居国际前列。与此同时,浙江等5个省份建立绿色金融改革创新试验区,自下而上地进行绿色金融支持实体经济绿色发展的探索和实践,积累了大量宝贵经验。在此过程中,创新了绿色信贷、绿色基金、绿色保险等一系列绿色融资产品和服务。在风险可控、商业可持续的前提下,有效地促进了绿色融资规模的增长,提升了金融机构绿色金融发展水平。

林业也是绿色金融支持的重点领域,本着从保护林业资源环境和促进林业可持续发展、资源循环利用、低碳环保的原则,在投资中运用金融业推动和实施林业可持续发展,为建立起林业绿色产业体系和林业绿色生态体系提供资金支持,促进林业生态与林业绿色产业体系健康发展。但从整体来看,林业的绿色金融在整体绿色金融发展中,占比依然较少。2017年6月末,绿色林业开发项目仅占21家主要银行绿色信贷合计的0.54%,贷款规模居前三的是绿色交通、可再生能源及清洁能源、工业节能节水环保项目。

一、针对支持绿色金融发展的配套政策探索

从调研中来看,多地从绿色金融工具使用的指导、标准的制定、项目的识别等方面加强对绿色金融发展的支持。

推广绿色金融融资工具。如江西省针对企业和金融机构开展货币政策工具、直接融资、跨境人民币业务的政策宣讲,指导地方法人金融机构和绿色企业发行绿色金融债和使用绿色债务融资工具。

破解地方绿色金融标准难题。推动赣江新区制定并发布绿色企业、绿色项目的认定评价办法,企业环境信息披露指引,初步建立地方绿色金融标准,九江银行制定绿色票据评价标准,中航信托制定绿色信托标准均走在全国前列。

破解绿色项目识别难题。江西赣江新区邀请第三方机构认证全省655个绿色项目,其中,赣江新区有130个绿色项目。以绿色项目库建设为抓手,召开江西省绿色金融政银企对接会,同时在江西省小微客户融资服务平台上发布绿色项目信息,供金融机构查询对接。贵安新区围绕绿色制造、绿色能源、绿色建筑、绿色交通、绿色消费五大领域,探索构建了绿色金融"1+5"产业发展体系,建立绿色金融项目库,如果境内外金融机构需要寻找绿色项目资源,可直接与贵安新区绿色金融管委会项目库对接。

二、针对支持绿色金融发展的模式探索

从绿色金融的产品特征来看，现有林业绿色金融创新产品大致可分为三类。

一是林业绿色信贷的发展。其中根据抵质押物的不同，又可以分为三种模式。第一类是融资损失补偿创新。如兴业银行"环保贷"等。这类产品主要通过贷款损失分担的方式，帮助金融机构降低投放绿色贷款的损失。此类产品适用于开展绿色金融业务初期的金融机构，也适用于将政府奖补资金作为风险分担资金、批量支持中小企业绿色融资的情形。第二类是融资担保品创新。主要包括合同能源管理未来收益权质押贷款、碳排放权（排污权）质押贷款、特许经营权质押贷款等。这类产品有助于缓解中小企业或项目公司抵押担保物不足的情形。第三类是长期的绿色低息资金的支持。如世界银行中国能效融资项目，此类项目主要通过国内外中长期低息资金支持国内绿色项目融资需求。不少国际机构除了资金支持，还提供配套的技术援助。该模式主要适用于项目自身经济效益较低的中长期绿色贷款项目。

二是绿色债券的发展。江西作为绿色金融的创新区，绿色债券发展极具特色，发债规模位于全国前列。江西银行等三家城商行发行绿色金融债合计150亿元，萍乡汇丰公司、昌盛公司发行23.4亿元绿色企业债，南昌轨道交通集团发行20亿元绿色中期票据，赣江新区发行全国首单绿色市政债，赣州银行、金开集团、江西省水利投资集团分别筹备发行绿色金融债、绿色资产支持票据（ABN）、绿色境外债券。江西联合股权交易中心设立"绿色板块"，累计发行绿色私募可转债30.75亿元。同时积极开展绿色金融国际合作，利用金砖国家新开发银行2亿美元贷款支持"江西工业低碳转型绿色发展示范项目"。但据调研中了解，所具体涉及林业的项目几乎没有。

三是林业碳汇交易的发展。面对全球气候变化的严重威胁，以碳定价行动为主要形式的大量温室气体减排活动在世界范围内全面展开。其中，碳市场机制是国际公认的最具成本效益的应对气候变化政策工具，全球碳交易体系近年来持续增长并融合发展。林业碳汇交易是国际碳交易体系的重要组成部分。我国碳汇项目类型主要有3种：一是清洁发展机制（CDM）下的林业碳汇项目；二是中国核证减排机制（CCER）下的林业碳汇项目，包括北京林业核证减排量项目（BCER）、福建林业核证减排量项目（FFCER）和省级林业普惠制核证减排量项目（PHCER）等；三是其他自愿类项目，包括林业自愿碳减排标准（VCS）项目、非省级林业PHCER项目、贵州单株碳汇扶贫项目等。

但从整体的发展来看，虽然绿色金融的发展已经将林业作为重要的方面，但是在实际的运用方面，从对贵州、福建和江西的调研情况来看，真正利用绿色金融解决林业发展中的金融问题还非常有限，尤其是对绿色信贷和绿色债券的利用，所调研的3个省份几乎没有涉及，这也和统计数据相互印证。说明在发挥绿色金融支持林业发展方面，还有较多可值得探索的内容。贵州省农业发展银行在调研时提出，争取农业发展银行总行发行绿色金融专项债券资金支持，预期使用绿色金融债券22亿元用于支持林业生态建设，采取资本金投资和贷款相结合的方式，投放农发重点建设基金1.1亿元，补足林业项目资金缺口，缓解企业筹资压力，推进贵州项目建设。

顺昌县林业碳汇项目开发历程

顺昌县土地总面积297.5万亩，其中林业用地面积250万亩，有林地面积237万亩，全县森林覆盖率79.9%，林木总蓄积量1564万立方米，是全国唯一的"杉木之乡"和首批三十个"竹子之乡"之一，是福建省重点林业县，开发林业碳汇项目具有巨大优势。

2016年，通过积极争取，顺昌县国有林场成为省级林业碳汇项目试点林场，开始组织实施林业碳汇项目的设计和申报工作。顺昌县国有林场是顺昌县林业局下属企业，全场经营区面积40.8万亩，其中商品林面积32万亩，林木蓄积总量360万立方米，森林覆盖率98%。顺昌县国有林场通过持续推进企业改革，创新推广FSC国际森林认证、不炼山造林、伐区保留阔叶树等可持续经营管理模式，大力营建国家木材战略储备基地、乡土珍稀树种基地、大径材基地和种苗繁育基地建设，森林经营水平大幅提升，森林资源有效增长，综合实力大大增强，为组织实施林业碳汇项目提供了保障。

2016年12月22日，福建省碳排放权交易启动仪式在海峡股权交易中心举行，当天，顺昌县国有林场推出的首期15.5万吨碳汇减排量在海峡股权交易中心全部售出，成交金额288.3万元。项目计入期为20年，期限由2006年11月1日起至2026年10月31日止，总减排量25.7万吨，预估交易总收益约600万元。此次完成交易的为前10年首期碳汇量15.5万吨，碳汇林面积6.9万亩，成为福建省获准上线的第一批次林业碳汇项目。随后，依托贫困村的集体林和林地资产，顺昌林场实施了林业碳汇扶贫（单株碳汇）试点项目建设，以建西镇路兹、兹太、谢屯3个贫困村集体林以及17户贫困户林地（乔木林、竹林）共计6462亩作为碳汇林，开展项目建设，助力脱贫攻坚。

通过总结林业碳汇项目的申报和交易经验，顺昌县国有林场成立了"顺昌县宝杉林业碳汇技术服务中心"，该中心注册资金200万元，有大专以上林业专业技术人员20余人，中心完成《福建省碳汇扶贫项目管理方法学》《福建省碳汇扶贫项目计量与监测报告》《林业碳汇自愿交易路径设计研究》初稿的编制，为全市乃至全省开展林业碳汇项目建设模式提供借鉴。在此基础上，中心不仅仅可以完成县域内的碳汇交易方案设计，还可以为闽北地区的国有和集体林地提供碳汇产品设计服务。2017年4月，该中心开始策划设计3.4万亩竹林经营碳汇项目，项目计入期30年，计入期预计将产生碳减排量25.9万吨，计划第一期（2010年1月至2017年1月）申报碳减排量11.94万吨，有关设计、监测等工作全部由中心独立完成。2017年6月，项目通过第三方审定核证和福建省林业厅、福建省发改委专家评审；2017年11月，项目减排量完成在福建省发改委的备案签发，2019年7月，完成6.9万吨竹林碳汇交易，成交金额124.2万元，该项目为福建省第一批竹林碳汇交易项目，也是全国首例由县属国有林场自行设计实施的林业碳汇项目。通过碳汇交易，实现了森林生态价值的转化，为林场的长期发展提供了有效的资金支持，更好地实现生态得绿、林农得利、企业增效。

支持林下经济发展金融相关政策

林下经济在林地生态环境的基础上,利用林下土地资源和林荫空间优势,在林冠下开展农、牧、草、药等多种项目的主体复合生产经营,从而使农、林、牧业实现资源共享、优势互补、循环相生、协调发展。支持林下经济发展,有助于破解林业经济的发展瓶颈,对当地生态和谐和林民增收意义重大。各地根据当地林下经济特点,出台了诸多支持特色林业经济发展的金融政策。主要有以下几类:

一、强化信用工程建设,发挥信用贷款的作用

长期以来,林农信贷需求总量大、个体小、覆盖广,是农村金融体系发展中最薄弱的环节,也是农村金融中的薄弱环节。信用工程建设是解决林农小额贷款需求的重要手段,具体是指地方政府以营造良好的农村信用环境为基础,以创建信用农户、信用村组、信用乡镇和农村金融信用县为载体和形式,通过对农户的综合情况,评定信用等级,银行可以根据不同的信用等级,合理核定授信额度,提前给予林农相应的信用额度,一旦需要,林农可以随时获得贷款,无须再进行申请和审批。

福建沙县为所有农户建立经济档案和信用评级。一是以农户的"基本概况、家庭收支、家庭资产、家庭成员、村(居)评价、信用评分、信用等级"等为基本内容,按"一户一册"原则建立农户经济档案。二是以村为单位成立农户信用等级评定小组,对农户经济档案进行信用评级(分为AAA、AA、A、BBB、BB、B、C共7个等级)。三是根据农户信用等级,由银行合理核定授信额度,从2011年到2018年年底,已对BBB级以上农户授信46379户,授信额度22.61亿元,贷款农户15930户,贷款余额19.3亿元。

在贵州省委省政府的支持下,截至2019年8月31日,贵州农信社在全省范围内已创建农村金融县(市、区)21个,占比23.86%;创建信用乡镇986个,占比73.31%;创建信用村12892个,占比80.06%;创建信用组124080个,占比76.59%;建档农户789万户,建档面达96.04%;评定信用等级农户709万户,占总农户数的87.15%(表2-3)。

表2-3 贵州省各地市农村信用工程创建情况统计表(2019年8月月底)

地市	评级农户		信用组		信用村		信用乡镇		农村金融信用县	
	户数(万户)	占比(%)	个数(个)	占比(%)	个数(个)	占比(%)	个数(个)	占比(%)	个数(个)	占比(%)
贵阳	35.45	75.46	6458	70.26	698	74.81	58	75.32	1	10.00
遵义	121.07	86.69	18037	76.23	1491	82.10	186	80.52	5	35.71
安顺	49.10	89.44	7766	83.11	1098	79.85	72	80.90	6	100.00
黔南	76.08	90.76	14228	77.28	1004	79.56	76	73.08	3	25.00
黔东南	89.44	92.58	16520	70.94	1610	78.81	148	72.20	3	18.75
铜仁	79.54	90.33	19900	83.27	2383	84.99	144	83.24	2	20.00
毕节	140.23	83.95	22261	74.66	2897	80.34	148	57.14	0	0.00

(续)

地市	评级农户		信用组		信用村		信用乡镇		农村金融信用县	
	户数（万户）	占比（%）	个数（个）	占比（%）	个数（个）	占比（%）	个数（个）	占比（%）	个数（个）	占比（%）
六盘水	52.83	80.60	7881	72.03	732	67.78	56	70.00	0	0.00
黔西南	65.29	89.95	11029	82.00	979	82.76	98	77.17	1	12.50
合计	709.03	87.15	124080	76.59	12892	80.06	986	73.31	21	23.86

二、与扶贫相结合，成立产业扶贫投资基金，增加对林下经济资金支持

贵州省成立绿色产业扶贫投资基金，支持林下经济发展。基金由政府主导，以企业为主体进行市场化运作，首期全部由财政出资，共计138亿元，重点投向茶叶、中药材、食用菌、优质草、农旅一体化、大健康、生态水产、干果等林下经济领域。要求受资企业与建档立卡贫困户进行利益联结，采取"企业+合作社+农户"的方式，安排建档立卡贫困户在该企业就业，或者进行股权合作等方式助力贫困户脱贫。约定股权投资方式投资的年化收益率原则上不超过4.5%，债权投资资金比例原则上不超过基金投资总额的20%。贵州绿色产业扶贫投资基金运行两年多来，已投资基金项目476个，投资基金278亿元，扶持企业613家，共带动9.52万户、28.35万人脱贫。

三、推出符合林下经济特点的专项信贷产品

江西省将"油茶"作为特色林业产业发展。简化贷款流程，建立信贷绿色通道。江西兴国农商行建立信贷绿色通道，对茶油等林下经济实行优先受理、有限评审、有限发放，提高信贷效率。推出了"金穗油茶贷"信贷产品。针对油茶的生长周期，该贷款期限长，最长可达15年，最高可贷款600万元，能较好地满足农户土地流转、油茶抚育等各个环节的资金需求。油茶的挂果周期较长，在栽种的前3~5年的宽限期内只付利息、不还本金，最低可执行人民银行同期同档次基准利率。在担保方面，除采用常规的担保、抵押方式外，该产品引入"政府增信"机制，政策性担保公司、政府风险补偿金、财政直补资金都可进行担保。

截至2019年6月月末，江西省农行累计投放包括"油茶贷"在内的特色农户贷款91.64亿元，支持了油茶种植户6044户、橘橙种植户134146户、茶叶种植农户8239户、葡萄种植户2395户，发展地方特色产业。

四、加强政策性贴息贷款的支持

贵州重点加强刺梨产业的发展。在贵州省贵定县，针对刺梨的适度规模种植、加工企业在收购时期的短期流动资金需求给予贴息贷款的支持，贴息资金由县财政提供，如针对刺梨加工企业，贷款额度在5万元、5万~30万元、30万~50万元、50万~100万元和100万元以上的，分别给予利息的100%、80%、60%、50%和40%贴息。

五、建立政府担保基金，强化正向激励

有些地区也将政府信用纳入林业产业发展的担保体系。以政府为担保人，对林农贷款提供风险补偿，降低林业金融的信贷风险，有效促进了林业种植面积的提高，增加了林农的收入。江西省农行积极与各级人民政府和林业部门合作，强化政府政策的配套措施，建立政府油茶专项担保基金，优化"财政惠农信贷通"，用于油茶贷款的风险补偿。2015年当年，江西农行累计投放16亿元，支持油茶种植面积108万亩，其中支持农户贷款余额达13.3亿元，支持油茶种植面积74万亩。福建省规定财政部门对林木收储中心和林业担保机构为林农生产性贷款提供担保的，由省财政按年度担保额的1.6%给予风险补偿，提高了林农增收力度。2018年，福建省林业产业总产值5924亿元，同比增长18.4%，居全国前列，部分重点林区林农涉林纯收入占人均可支配收入的30%。

但是在林下经济的发展过程中，我们发现还存在如下问题：一是多数地方林下经济的发展还处在起步阶段，尚未形成规模效应，收入情况不甚稳定，市场销路存在不确定性，导致金融机构基于风险控制的角度难以给予金融支持。二是政策导向和信贷产品设计与林业生产周期不匹配。林下经济等产品具有投入长、产出慢的特点，如江西大力发展的油茶产业，除了农行的农户"金穗油茶贷"小额林业贷款期限可以超过3~5年以外，其他的信贷品种均为1~3年期的短期贷款，这与林业生产周期较长的特点（至少3年以上）极不匹配。

关于国家储备林项目金融支持政策

为加强森林资源培育，开展集约经营，优化品种结构，增强我国木材安全保障能力，必须转变现有木材供应格局和思路，确立实施符合我国国情的木材安全战略，建立木材储备体系。从2012年我国开始启动国家储备林建设以来，这是一个系统的大工程。《国家储备林建设规划（2018—2035年）》提出，2020年规划建设国家储备林700万公顷，继续划定一批国家储备林，国家储备林管理制度体系基本建立。

国家储备林的建设需要大量的资金支持，《国家储备林建设规划（2018—2035年）》提出，需创新和推广国家储备林投融资机制和模式，发挥财政资金引领带动作用和开发政策性金融积极作用，形成财政金融政策合力。推广"林权抵押+政府增信"、PPP、"龙头企业+林业合作社+林农"、企业自主经营等融资新模式，进一步拓展多元化融资渠道，引入多样化融资工具，进一步建立和完善国家储备林金融服务市场。积极创新国家储备林建设融资机制，吸引社保基金、养老基金、商业银行、证券公司、保险公司等各类机构投资者参与国家储备林项目建设，逐渐形成多元化的市场融资结构。在具体的实施中，主要有如下两种模式。

一、"林权抵押+政府增信"模式

"林权抵押+政府增信"模式，是指用款人将林木所有权作为贷款抵押物，委托第三方

（承贷主体）办理林权抵押相关事宜，统一取得贷款、管理贷款资金并负责还本付息的融资方式。政府增信包括成立管理机构和承贷主体公司、技术服务和造林检查验收、投保森林保险、筹集风险准备金、采伐许可证和林权处置的管理、林权流转及登记、各级造林补助资金和贴息资金等。融资信用结构为"林权抵押+政府增信"，还款来源为项目自身现金流。由于国家储备林建设的资金需求量大、周期长，因此金融机构多为政策性金融机构，如农业发展银行和国家开发银行。

贵州省于2019年相继出台了《贵州省国家储备林项目建设方案》《省人民政府办公厅关于加快国家储备林项目建设的意见》等，同时向贵州省发改委争取了600万元国家储备林项目启动资金。贵州省林业局与国家开发银行、农业发展银行等合作，加快成立项目的省级融资主体。贵州省规划建设国家储备林项目1097万亩。在10个国家储备林样板县建设中，7个采取"林权抵押+政府增信"的模式（表2-4），主要是用于现有林改培和中幼林抚育。截至2019年8月，在69个建设单位中，已获授信单位6家，授信总额10.83亿元。

2017年9月，福建省南平市在市委市政府的高度重视和大力支持下，南平市国家储备林质量精准提升工程项目落地实施。该项目总投资215亿元，申请国家开发银行贷款170亿元。

表2-4 贵州"林权抵押＋政府增信"模式下示范县国家储备林样板基地建设

市州	县区	建设规模（亩）			投入资金（万元）			建设期（年）
		小计	现有林改培	中幼林抚育	小计	自筹	贷款	
黔西南州	册亨县	26556	21523	5033	25011	5011	20000	6
黔东南州	锦屏县	24518	18537	5982	25697	5697	20000	2
黔南州	三都县	50025	50025	0	25051	5051	20000	3
安顺市	西秀区	44499	0	44499	26285	6285	20000	3
贵阳市	开阳县	33137	22729	10408	25292	5292	20000	5
遵义市	赤水区	46035	20029	26006	25523	5523	20000	3
铜仁市	江口县	33566	27991	5575	25289	5289	20000	5

二、"政府和社会资本合作（PPP）"模式

"政府和社会资本合作（PPP）"模式，是指政府和社会资本合作以项目建设所在地的林木所有权或者项目公司（SPV）资产作为抵押物，向贷款方取得贷款、管理贷款资金并负责还本付息的融资方式。项目公司的建设资金缺口部分可以利用政策性银行贷款解决，政府通过政府付费或者可行性缺口补助，给予资金支持。纯公益类的通过政府付费，准公益类的项目通过"使用者付费＋可行性缺口补助"，按照政府支出责任逐年安排财政预算。

融资信用结构为"林权抵押或项目公司资产抵押"，还款来源为"政府付费"或"项目自身现金流+可行性缺口补助"，社会投资人通过"使用者付费+可行性缺口补助"收回建设成本和获得投资回报。

贵州在10个国家储备林样板县建设中，3个采取PPP的模式，主要是用于集约人工林栽培和现有林改培（表2-5）。

表 2-5　贵州 PPP 模式下示范县国家储备林样板基地建设

市州	县区	建设规模（亩）				投入资金（万元）			建设期（年）
		小计	集约人工林栽培	现有林改培	中幼林抚育	小计	自筹	贷款	
毕节市	织金县	298000	158000	116000	24000	283798	56760	227038	8
毕节市	黔西县	145632	75060	34977	35595	131681	26336	105345	8
六盘水市	盘州市	501000	90000	292200	118800	363953	73953	290000	8

福建省南平市项目使用"以存量促增量"的方式，以存量林木资源现金流弥补新增造林的现金流缺口，实现稳定的项目还款现金流，成为我国林业首个落地的PPP项目。2018年，福建省共有4个林业项目入选通过清理规范后正式公布的"政府和社会资本合作（PPP）"项目库清单，总投资240.27亿元。

建设森林"生态银行"、实现"两山"转化

顺昌县林地面积250万亩，占土地总面积的83%，其中杉木108万亩、竹林66万亩、阔叶林45.8万亩，林木蓄积量1560万立方米，毛竹立竹量1.1亿根，森林覆盖率79.9%，是国家南方重点林区、国家木材战略储备基地示范县、福建省重点林业县，拥有全国唯一"杉木之乡"和首批"中国竹子之乡"等国家生态名片，也是国家储备林建设的重点地区。

为进一步践行"绿水青山就是金山银山"理念，围绕加快绿色发展，推动高质量发展落实赶超的战略目标，顺昌县实施森林质量精准提升工作，通过对分散化的林业资源进行赎回，赎买后由当地国有林场统一经营管理，以便提升森林质量和产出，推动林业增效和林农增收。但是在赎买的过程中，需要大量的资金支持，且林业产业周期长、见效慢，难以达到商业资本的利润要求，这成为森林质量精准提升工作的难题。

2018年，顺昌县依托县国有林场，在全国率先开展"森林生态银行"试点建设，围绕前端资源流转、后端项目开发，探索形成"五输入五输出"的试点模式，为推动森林资源变资产变资金、通过PPP模式有效吸引社会资本的加入，引入实力资本投资企业、优质运营管理企业，从而将资源转变成资产和资本。最终促进森林生态"颜值"、林业发展"素质"和林农生活"品质"的有效提升做出有益探索。

前端通过林权赎买、租赁、合作经营、托管、质押等方式，将农村碎片化、分散化的森林资源收储存入"森林生态银行"运营公司，实施集中储备、规模提升和产业转型，形成集中连片优质高效的资产包。后端通过"森林生态银行"提供原材料基地服务、金融服务、重资产服务、生态服务和市场服务，依托专家委员会、市生态公司等专业机构力量，开展项目策划包装、招商推介和开发经营，搭建"顺昌生态银行"新平台，通过公司化运作实现林业资源的

经营管理。成立"森林生态银行"运营公司，依托顺昌县国有林场，整合林木资源调查设计、评估收储、森林质量提升、项目开发经营、林权抵押贷款、林业信息服务等职能，成立"森林生态银行"运营机构——福建省绿昌林业资源运营有限公司，下设"两中心三公司"，即林业资产评估收储中心、数据信息管理中心、林木经营有限公司、资源托管有限公司、林业金融服务公司。顺昌县财政投入3000万元作为资本金，借助财政资金的支持，有效保障了项目的初期运营。

运营有限公司主要承担3项业务：一是林权收储。对计划收储的生态区位商品林和各类经营主体提出收储申请的林木资源组织调查、设计、评估，并进行购买收储，收储有转让、租赁、承包和买卖等多种形式。二是生态保护。对收储后的国家、省级生态林和重点生态区位森林植被进行严格保护，并进行林分改造；对立地条件、生态功能差的林地进行生态修复，改善生态功能。三是资源开发。对有开发价值的自然资源，吸收林业经营主体和其他社会资本，通过资金投入、林业资源资产折价入股等形式参与合作经营，实现林业资产保值增值，确保入股各方受益。同时，依靠运营公司，也可以为林业产业链中的弱势林业经营主体提供担保服务，提升其金融可得性。

结合实际的复杂情况，"森林生态银行"根据林农从业意愿，推出赎买、租赁、合作经营、托管、质押等林权收储方式：有共同经营意愿的，以林业资产作价入股，林农变股东；无力管理森林但不愿共同经营的，可将林业资产委托管理；有闲置林地的，可将林地进行租赁，获取租金回报；希望转产的，可一次性卖出林权。多种林权流转方式为林权所有者增加了林权流转选项，有助于解决集体林改后农村第二轮分山难以及林权分散导致的经营效益低下等问题。如：洋口镇谢坊村580亩集体林采伐迹地进入第二轮分山，由于面积不大，每户分得的林地太少，分山方案无法达成。2018年，谢坊村将这片林地以租赁的形式交由"森林生态银行"经营，租期30年，谢坊村持30%股份，由"森林生态银行"按照Ⅰ类地1800元/亩、Ⅲ类地1200/亩的标准，每年支付谢坊村保底收益，待租赁期满林木主伐后村里还有收益分成，其中收益部分70%分给村民，30%留作村集体收入，不仅增加了村集体和村民收入，而且有效助力林区稳定和乡村振兴。同时通过"森林生态银行"集约化、规模化经营，实施森林质量精准提升，实现林地综合效益的有效提升。截至目前，顺昌县"森林生态银行"已导入林地林木面积6.06万亩，其中股份合作、林地租赁经营面积1.26万亩，赎买商品林面积4.8万亩，托管经营8户面积60亩；办理林权抵押贷款253笔2.1亿元，收储抵押林地面积8.77万亩。

林权收储和生态保护的开展都需要大量的资金支持，资源开发也需要能够有效吸引社会资本加入，因此在此过程中，生态银行尝试了多种金融支持方式。

实施PPP项目，顺利融资。在南平市统筹下，实施了国内首个国家储备林精准提升工程PPP项目，顺昌县获得国家开发银行授信9.12亿元，有力加快了"森林生态银行"的集约人工林栽培、现有林改培和商品林赎买等工作以及"西坑示范项目"等一批产业项目的顺利实施。

充分利用碳汇交易。2016年12月,在福建省碳排放权交易启动仪式上,顺昌国有林场推出的首期15.55万吨碳减排量成功交易,以北京中创碳投资有限公司为技术支撑,依托顺昌县国有林场"宝杉林业碳汇技术服务中心",将建西镇路兹、兹太、谢屯等3个贫困村集体林以及17户贫困户林地(乔木林、竹林)共计6462亩作为碳汇林,开展单株林业碳汇开发,成交金额288.3万元,成为福建省第一单交易的林业碳汇项目。2019年7月,完成6.9万吨竹林碳汇交易,成交金额124.2万元,是全国首个成交的竹林碳汇项目。

利用产业基金灵活引入社会资本,与南平市金融控股有限公司合作成立"南平市乡村振兴基金",首期规模6亿元,在顺昌聚焦投资林业质量提升、林下种养、林产加工、林下康养等项目。

构建林业金融服务体系,服务林业经营主体。为了解决林业资产流动性差、金融资本进入难等问题,"森林生态银行"努力构建多方位的金融服务体系。申请组建政策性担保公司,与南平市融桥担保公司合股成立"福建省顺昌县绿昌林业融资担保公司",为"林业+"产业实体企业、个体林农提供融资担保服务,实现最高15倍放大倍数、基准利率放款,"生态银行"与商业银行按8∶2承担风险。

顺昌县通过持续深化拓展"生态银行"运作模式和理念,搭建起森林资源"青山"变"金山"桥梁,实现了林业生态效益、经济效益、社会效益共赢。

(1)实现生态效益提升。通过对重点生态区位商品林进行赎买和专业化管护,通过积极推广不炼山造林、保留伐区异龄阔叶树、改造单层针叶纯林为异龄复层针阔混交林、林下套种乡土珍贵树种等措施,有效提升林分质量,提高森林生态承载能力。自2012年以来,顺昌县实施不炼山造林面积12.3万亩,保留伐区异龄阔叶树面积3.7万亩、蓄积量5.5万立方米;林下套种乡土珍贵树种工作以闽楠为例,全县累计完成闽楠与杉木混交造林2.6万亩,林下套种闽楠1万亩。预计到2020年,林地保有量可达242万亩,林木蓄积量1626万立方米,森林覆盖率80%以上。

(2)实现经营效益提升。通过落实森林质量精准提升"四改"措施,项目区平均每年每亩可增加1立方米蓄积量,达到国家速生丰产林标准。按照26年一个轮伐期计算,顺昌县经营的林木每亩蓄积量约12立方米,比其他经营主体每亩增加约50%。按照50年培育期限,每亩蓄积量可达30立方米以上,经济效益显著。以岚下国有林场钱墩工区杉木大径材和闽楠异龄复层林基地的杉木为例,种植于1996年,2013年强度间伐后,每亩保留32株,目前平均胸径26.1厘米,平均树高16.1米,蓄积量每亩13.12立方米,年均单位面积蓄积生长量达1.24立方米,高于杉木速生丰产林蓄积增长量,更是大大优于其他普通林地。

(3)实现社会效益提升。通过实施森林质量提升工程,着力提升森林生态功能,防止和减少地灾、水灾发生,真正让生态得绿、社会得益、林农得利。针对第一轮均山到户时,有部分商品阔叶林被分到林农手中,由于政策调整,被划入重点生态区位实行禁伐政策,林农利益受到影响的问题,生态银行对这部分林子逐步进行赎买,收归国有后加强保护,有效解决矛盾纠纷,维护了林区稳定。

关于森林保险的支持政策

森林保险是分散和防御林业经营风险的重要手段，森林保险不仅有利于林业生产经营者在灾后迅速恢复生产，促进林业稳定发展，也可以通过保险，减少林业的经营风险，是风险管理的重要手段。

我国的森林保险经过探索、试点阶段，2012年进入全面推广阶段。2012年，财政部颁布的《关于2012年度中央财政农业保险保费补贴工作有关事项的通知》提出，农业保险保费补贴区域推广至全国，对森林保险的理赔条款、费率、大灾风险分散机制等内容做了较为详细的规定。2013年对"开展重点国有林区森林保险保费补贴试点"作出安排，2014年指出"扩大森林保险范围和覆盖区域"，2015年提出"扩大森林保险范围"。在国家层面对森林保险已有诸多详尽的规定，国家统一规定的森林保险主要是包括公益林和商品林两部分内容，具体详见表2-6。

表2-6 我国森林保险产品的核心内容

项目	公益林	商品林
保险品种	综合险、火灾险、一切险、指数险	
保险金额（元/亩）	400~1200	400~1024.07
保险费率（‰）	1~6	1.6~8.0

数据来源：《林业金融工具创新与应用案例》，经济管理出版社。

在森林保险保费补贴层面，一般分为中央、省、地市和县四个层次，国家层面的保险费率补贴为全国统一，但地方政府依据不同的实际情况，设置不同的补贴额度，补贴额度也影响了当地林农的参与程度（图2-1）。

在具体的投保主体中，主要有四种方式。一是财政兜底投保模式，具体做法：每年将辖区内商品林保费（林农承担的40%部分）纳入财政预算，由当地财政支付，林农无须缴费，发生灾害后的理赔款用于林农恢复造林。二是自行投保模式，即国有林场、林业合作社、林业龙头企业和造林大户采取单独投保方式，自行承担40%的保费。三是集体投保模式，即对

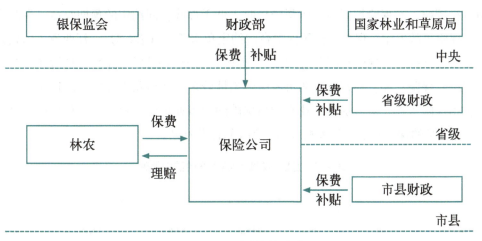

图2-1 森林保险的补贴模式

于未确权到户的行政村或村小组的集体林，根据林权证归属，以村为单位进行集体投保。四是造林到户模式，即针对林农散户，借鉴林改的工作经验，按照《中华人民共和国村民委员会组织法》相关流程，通过召开村民代表大会，以"一事一议"的方式，集体表决决定委托第三方造林公司代为办理森林保险承保理赔及恢复造林等相关事宜的运作方式。通过造林还农方式，实现农户直接受益。

一、森林保险的省市级典型做法

在各省级和县市级层面，根据各自的实际情况以及本地区森林保险发展阶段与特点，对相应的森林保险制定有特色的扶持办法。

第一，根据地方特点，制定有针对性的保险品种。如江西针对公益林可能出现的火灾风险，主要推动政策性森林火灾险，而针对商品林有火灾险和综合险可以选择（表2-7）。而在福建省境内，无论是公益林还是商品林，均实行综合保险。

第二，还有不少省市，提高了保险额度。福建省推进森林保险工作，实施森林综合保险。由中央、省级、县级财政对投保户给予60%～90%的保费补贴，每亩保险金额由原来的500元提高到700~1080元。三明市还开展了叠加林权抵押全额保险，化解和分散抵押物风险。

表2-7 江西省森林保险保额、保险费率与财政补贴标准

保险林木属性	投保种类	保险费率（‰）	保额	政府补偿标准
公益林	火灾险	1.0	500元/亩	全省5100万亩公益林统保，中央财政补贴比例30%，省财政补贴比例70%
商品林	火灾险	1.5	不超过800元/亩	林农自主选择投保方式，保费补贴比例提高到60%（分别是中央30%、省财政25%、县财政5%），剩余40%由投保人自行承担
	综合险	4.0		

第三，部分省市因地制宜，丰富保险标的。政策性的森林保险均为灾害类保险，在此基础上，在传统的投保标的物是公益林和商品林的基础上，也有不少省地市开创了新型的保险类型。贵州省龙里县针对当地的特产刺梨，实行价格指数保险，实质为价格保险，根据刺梨价格进行理赔。在保险期间内，刺梨销售收入低于保险合同约定的预期收益（保险金额）时，视为保险事故发生，保险人按照保险合同约定负责赔偿（表2-8）。江西省人保财险绿色保险创新实验室推出"保险+期货"产品、"养殖饲料成本价格"保险、柑橘茶叶"气象+价格"收益综合保险产品。福建省三明市考虑到当地较多人从事花卉种植，2016年起，开展设施花卉种植保险工作，对参加设施花卉种植保险的企事业单位、合作社、种植户，县级财政给予不低于10%的保费补贴，省级财政给予20%的保费补贴。

表2-8 龙里县刺梨价格指数的赔偿处理

保险标的	保险金额（元）	保险费率（%）	保险费（元）	省级财政补贴 50%	县级财政补贴 50%	投保人自缴 20%
刺梨价格指数	1920	6	115.2	57.6	34.56	23.04

第四，实施差异化的保险补贴政策。政策性保险中的重要环节，是省、市和县的保险补贴额度的分摊。各省市制定了不同的补贴方针，贵州省贵定县将公益林农户承担的部分全部由县级政府承担，实现了全部投保，但商品林部分，农户需要承担相应的比例，农户投保的积极性直接下降，仅有部分林场进行投保，而林农的投保概率较低。不仅仅贵州，其他地方也存在同样的问题，由于农户的保险意识有限，一旦需要承担即使少部分保险费用，投保的比例也大大降低。从调研的情况来看，对于经营面积较小的小林农，政府加大对林农的森林保险补贴力度，将大大提升林农的投保积极性。但是在规模化经营的家庭林场、国有林场中，即使没有政府的强制保险，所有者的投保积极性也较高。

二、森林保险的效果分析

本部分通过调查问卷的方式，对贵州、福建和江西三省共计66户家庭林场展开分析，发现森林保险的需求较为强烈，但是实际投保率并不高，尤其是遭受过自然灾害后的家庭林场投保率不高，这说明森林保险在风险控制方面，还有很多需要完善之处。

（一）林农对于保险表现出极高的需求意愿，但参保率不高

总样本中90.91%的林农表示存在保险需求，各县样本中，林农认为存在保险需求的占比均在70%以上，其中赣州市和三明市林农全部认为需要购买森林保险。从林农是否遭受自然灾害的角度而言，一半的林农在2018年遭受了林业灾害，为此林农保险需求率较高。

但是从实际的参保情况来看，林农的参保率并不高。总样本中实际参保率为45.45%，远远低于林农的参保意愿。在各县样本中，赣州市的实际参保率最低，仅为12.50%，三明市最高，但也仅有69.44%，并且其中18户所在村集体购买了保险（2-9）。

表2-9 林农的参保意愿及实际参保情况

情形		在总样本中占比（%）
是否需要投保	需要投保	90.91
	不需要投保	9.09
是否投保	已投保	45.45
	未投保	54.55
是否曾经受害	具有受害经历	50.00
	不具有受害经历	50.00

（二）林农未参保主要原因是不了解购买渠道、跟风行为以及侥幸心理

之所以在林农的实际参保率和参保意愿之间存在较大差异，通过问卷调查发现，23.81%的林农不知道从何地购买森林保险，同时有19.05%的林农认为自己林地较少，14.29%的林农因周围没有村民购买所以没有购买。这反映出森林保险的宣传服务缺失，同时也反映出林农的侥幸心理和跟风行为，为此政府和保险公司应当正确宣传并引导林农购买森林保险（表2-10）。

表 2-10 林农未参保原因

未购买保险的原因	户数（户）	比例（%）
林地少	8	19.05
林业收入不重要	1	2.38
交不起保费	1	2.38
赔款低	4	9.52
程序复杂	5	11.90
不信任保险公司	2	4.76
受灾后没得到赔偿或赔偿太少	1	2.38
周围的人都没买	6	14.29
不晓得在哪儿买	10	23.81
受灾的可能性不大	3	7.14
其他	1	2.38

通过问卷分析林农受灾和土地确权情况两个角度，进一步探究林农未购买森林保险的原因。通过分析受灾情况得出，有过受灾经历的林农投保比例反而低，这可能由于受灾林农此前购买农业保险赔偿未能达到林农期望，为此放弃购买森林保险。可以看出，森林保险在某种程度上存在着错配的情况（表2-11）。

表 2-11 林农受灾经历和投保情况

曾经是否受灾	投保情况	
	已投保（%）	未投保（%）
具有受灾经历	39.39	60.61
不具有受灾经历	51.52	48.48

（三）产量风险是主要风险，同时中等规模林农规避收入风险意愿强烈

在调查中发现，林农在生产过程中主要遇到的产量风险，需要利用保险弥补产量损失。而对于不同经营规模的林农而言，50%的大经营规模林农和45.45%的小经营规模林农对于产量损失保赔的意愿较强，对于中经营规模林农中41.18%的样本需要规避收入损失风险。为此对于保险公司，针对不同经营规模水平的林农应当开发不同类型的保险险种，并对不同经营规模水平的林农针对性开发保险产品（表2-12）。

表 2-12 林农保险需求方向 %

经营规模状况	保险需求方向			
	产量损失风险	成本损失风险	价格损失风险	收入损失风险
大规模	50.00	25.00	35.00	35.00
中经营	35.29	35.29	23.53	41.18
小规模	45.45	4.55	27.27	31.82

林业和草原金融政策的实施效果

该部分内容主要是根据家庭林场、林业合作社及林业加工企业的问卷调查数据展开分析。课题组于2019年7~9月期间，分赴贵州省（贵定县、龙里县）、江西省（兴国县、泰和县）和福建省（沙县、瑞昌市）3省6县开展问卷调查，共获得66份家庭林场、13家合作社和67家林业龙头企业的问卷，包含了基本经营和获得金融服务的基本情况，结论如下。

一、家庭林场金融满足情况

从被调查的家庭林场基本情况来看，户主年龄分布主要集中于40~60岁之间，年龄结构偏向老龄化，家庭平均规模较小，劳动力大部分从事林业生产，户主受教育程度较高，主要集中于初高中水平，林农整体金融水平较高，具有一定的金融知识。

从林业生产来看，林农主要从事传统种养殖业，但呈现兼业化特征，以传统林业经济为全部收入来源的林农占比为22.73%，其中有10.61%从事林下经济。责任山和租入林地是林农林地的主要来源，分别占比57.58%和40.91%。样本中，没有林农放弃或出租林地。金融的需求和满足情况如下。

（一）林业生产发展资金来源依次是银行、自身储蓄、民间借贷和互联网金融借贷，主要倾向于负债经营，但整体借贷行为理性

林农的借贷意愿可以从林农发展生产和经营活动的启动资金来源意向的分析中看到。在总样本中，有42.42%的样本林农选择（可以有多个选择）依赖自我积累，有43.94%的林农选择依赖于银行或信用社贷款（以农村信用社贷款为主），选择向亲朋或关系户借款的占31.82%。而选择互联网模式借贷的林农占比2.64%。由此表明：一方面，林农启动和发展生产、经营活动的资金筹集行为多数依靠于银行贷款，整体信贷行为较为理性；另一方面，互联网金融作为较为前沿的金融工具，林农对其的使用反映出较强的金融素质，但有关监管部门需要对高风险借款进行防范。

各市样本反映的结论与此趋势一致，但具有一定差异。例如赣州市样本中，林农通过银行借贷筹集生产资金的比例远高于内源资金，比例达到87.50%，而这种差异实际上是林农负债意识的差异表现。

（二）外源资金来源渠道主要有银行正规信贷、民间借贷以及国家政策补贴

在考察林农的借款渠道意愿时发现，总样本中43.94%的林农选择银行贷款（主要为农商行），31.82%的林农选择向民间亲朋借款，其他借款渠道相对使用较少，说明由于林农偿还贷款能力的限制，导致农村金融市场中金融机构种类较为单一，林农获得资金渠道较为单一。

另外，国家政策补贴也成为林农生产生活的重要资金来源，总样本占比为10.61%，这说明由于林业经济具有较强的外部性和林业大投入的情况，导致林农整体资金水平较差，需要国家进行扶持，各市样本与此相似。

由于各市农村信用社对林农贷款业务开展情况有所差异，因此林农在农商行和亲朋私人

借款之间的选择分布有所不同。那些农商行贷款开展较好的地区，林农更愿意向农商行申请贷款（表2-13）。

表 2-13 林农借款渠道意愿 %

贷款类型	总样本	吉安市	赣州市	三明市
1. 使用内源贷款	42.42	31.82	12.50	55.56
2. 使用外源贷款	57.58	68.18	87.50	44.44
2.1 银行贷款	43.94	50.00	87.50	25.00
2.1.1 林业贴息贷款	6.06	0.00	25.00	5.56
2.1.2 林权抵押贷款	10.61	4.55	12.50	13.89
2.1.3 林权质押贷款	3.03	4.55	0.00	2.78
2.1.4 林业小额贷款	0.00	0.00	0.00	0.00
2.1.5 银行其他类型贷款	24.24	40.91	75.00	2.78
2.2 民间无息借贷	31.82	40.91	32.50	30.56
2.3 合伙经营	1.52	0.00	0.00	2.78
2.4 政府补助	10.61	13.64	0.00	11.11
2.6 互联网借款	2.64	3.56	5.51	2.64
2.7 其他贷款	3.03	4.55	0.00	2.78

（三）林农有较为强烈的正规信贷需求，但正规信贷配给概率较高，导致贷款可得途径趋向多元化

关于林农信贷可得性，在66名受访样本中，仅有39.39%的林农选择不需要贷款，而有40户在2018年从银行、农村信用社等正规金融机构获得贷款，占比高达60.61%，获得民间借贷的林农占比34.85%，而仅有2.64%的林农获得了互联网金融借贷。进一步对林农借款渠道进行划分，从多家金融机构或个人处获得贷款的林农比例为19.70%，结合调研中林农借贷情况的满足程度可以推断出，仍有20%的林农通过银行借款不能够满足林业生产资金需求，存在着较高概率的正规信贷配给（表2-14）。

表 2-14 林农借款途径 %

不同途径借款林农比例	总样本	吉安市	赣州市	三明市
无借款发生	39.39	27.27	12.50	52.78
单一借款途径	40.91	50.00	25.00	38.89
双借款途径	13.64	18.18	25.00	8.33
多借款途径	6.06	4.55	37.50	0.00

（四）林业生产的组织化促进了贷款的获得，提升正规信贷可获得性，降低信贷融资成本

林业龙头企业作为区域生产的主要参与者，可以通过公司带基地、基地连林农的经营形式开发，提高林农获得信贷的可能。我们将林农是否获得过贷款、贷款条件与其是否与龙头企业合作结合分析，可以看出参与合作林农的整体正规信贷配给率降低了11.15%，且贷款的额度更高、期限更长、利率更低、续贷比例更高（表2-15）。

表 2-15　样本林农与龙头企业合作情况

合作情况	信贷配给概率（%）	贷款平均额（万元）	贷款平均期限（年）	续贷比例（%）	借款平均年利率（%）
与龙头企业具有合作	20.00	117.60	5.20	100.00	5.48
与龙头企业不具有合作	31.15	96.33	4.24	85.71	8.83

（五）林农对于互联网金融贷款的开展了解较少，但其能较好缓解正规信贷配给

数字金融的发展为借款开辟了新的渠道，样本中仅有2户通过互联网金融进行信贷，分析可以看出共同特征。首先，2户林农均被正规信贷拒绝，属于完全数量配给类型，互联网金融贷款使得林农贷款变得更容易了，形成资金良性循环。其次，林户被授信额度分别为30万元和20万元，额度基本满足生产生活需求。但从贷款利率上来看，考虑去除吉安市样本林户极端值，参考互联网贷款利率约在20%，对于林户而言具有一定的贷款成本，同时对于价格配给林农不能够较为有效缓解配给情况。

二、林业专业合作社金融满足情况

随着集体林改的深入与完善，林业专业合作社也蓬勃发展，尤其是在促进林下经济发展的方面，发挥了重要作用。

通过对江西吉安、贵州黔南、福建南平三地13家林业专业合作社的实地调研，发现被调研的合作社成员均来自本县域内，合作社具有一定的规模，3%的合作社林地经营规模大于1000亩，最大经营规模达2800000亩。金融的需求和满足情况如下。

（一）资金与销路是合作社经营发展面临的两大难题

在被调研的13家林业专业合作社中，有54%的合作社认为"资金短缺"是其经营过程中遇到的最大困难之一，46%的合作社将"销路不稳定或缺乏销路"视为最大困难之一，另有23%的合作社分别将"技术支持""人才缺乏"和"与社员合作关系不稳定"列入发展的最大困难之一，没有任何一家合作社认为"政府行政干预"是其经营发展的重大阻碍。由此看来，林业专业合作社面临的最大问题有两点：一是与社员或销售方合作关系不稳定带来的风险不确定性问题；二是缺乏资金、技术或人力资源带来的盈利能力较低的问题。问题的明确为我们进一步制定相关政策厘清了思路（图2-2）。

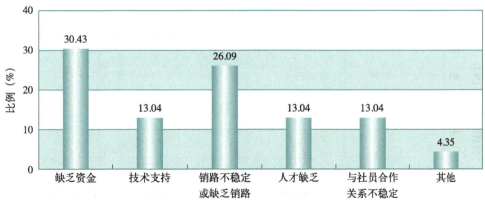

图 2-2　合作社经营问题

(二)合作社贷款需求强烈,实际操作中有直接以合作社名义、理事长个人名义等申请方式

贷款需求层面,通过调研发现,共有8家被调研的合作社存在贷款需求,2018年有7家合作社进行了贷款申请。其中2家仅以合作社名义进行申请,2家仅以理事长个人名义进行申请,3家以合作社名义与理事长个人名义分别进行过申请,没有合作社依托公司进行贷款申请。同时,以理事长个人名义进行贷款申请的2家合作社,均因以合作社名义进行贷款申请未通过审批才进行的个人名义的申请(图2-3)。

图 2-3 合作社贷款申请类型

(三)信贷满足比例较低,以理事长个人名义申请贷款是缓解合作社信贷配给的有效手段

71%存在贷款需求的合作社在2018年尝试进行过贷款申请,在进行了贷款申请的合作社中,以合作社名义和以理事长个人名义进行申请的比例各为50%。在以合作社名义进行贷款申请的合作社中,成功获得贷款的比例为67%;所有以理事长个人名义进行贷款申请的合作社均获得了贷款批准。以合作社名义申请贷款没有获得批准的合作社,通过以理事长个人申请的方式,获得了贷款。在调研中发现,部分以合作社名义申请贷款面临信贷配给的合作社通过以理事长个人名义申请贷款的方式,成功申请得到了贷款并达到了合作社信贷需求的完全满足。

综合来看,江西吉安、贵州黔南和福建南平三地的林业专业合作社存在着较为普遍的信贷配给问题,尽管"以理事长个人名义贷款"作为一种为合作社筹资的手段,缓解了一部分"以合作社名义"未能获得贷款而产生的问题,但仍无法从根本上完全解决林业合作社的资金困局(图2-4、图2-5)。

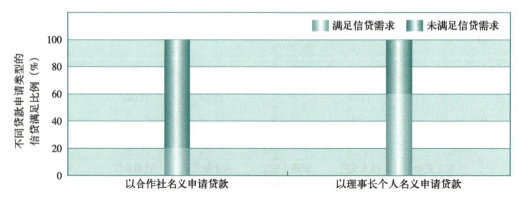

图 2-4 贷款申请类型与信贷批准比例

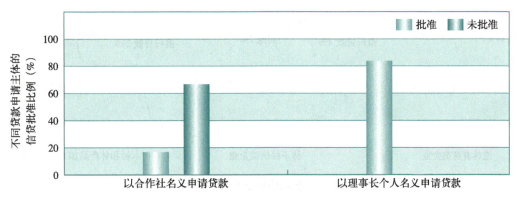

图 2-5 贷款申请类型与信贷满足比例

（四）交易成本高和获得金额不足是合作社面临的主要配给问题

对于林业专业合作社而言，"贷款手续复杂"造成的交易成本过高和贷款获批金额无法满足资金缺口是其面临的主要配给问题，此两种类型在总信贷配给中的占比近70%；而贷款申请被拒绝和合作社主观认为"反正借也借不到"而放弃进行贷款申请也是造成合作社信贷配给的重要原因，两者占比均为17%（表2-16）。

表 2-16 合作社各信贷配给类型数量

配给原因	合作社数量（家）	比例（%）
因交易成本太高而没有申请贷款	2	33
申请贷款且得到全部申请数额的贷款	2	33
申请贷款且被拒绝	1	17
合作社主观认为贷款申请不可能被批准	1	17

三、林业龙头企业金融满足情况

从三省被调研的龙头企业情况来看，样本企业近半数为私营企业类型，企业主受教育水平较低，林业产业经营的经验较为缺乏，企业的治理水平有待提高。2/3的经营者为40岁以上的中年男性，过半数的经营者学历仅为小学或者初中水平，公司治理中决策较为集中，多数企业主自己说了算。在未从事林业产业经营之前，大部分企业主的从业背景为务农或者经商办厂，相关的行业经验较为缺乏，但是还有一部分公务员、大学生等高等教育背景的人转入林业产业的经营。生产产品中低质半成品及初级产品比重大，具有较强的替代性和可复制性，处于产业链底端且附加值低。同时也受到环保和砍伐指标等影响，存在规模小、资金少、融资难、抗风险能力弱等问题，整体经营水平较为低下，尚有较大的提升空间。

现有的林业龙头企业扶持政策主要用于造林、抚育等林业第一产业的补助，缺少对林业龙头企业的扶持配套政策，财政、税收、信贷倾斜力度普遍不够，在复杂多变的国际国内政治、经济环境面前，更易受自然和市场的双重风险影响，林业龙头企业发展形势仍然不容乐观。

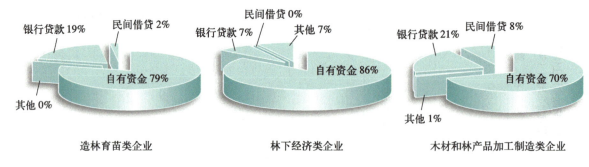

图 2-6　被调研企业的资本结构

（一）自由资金积累是主要的资金来源渠道，外部融资中主要依靠银行借款

由图2-6来看，各类型企业的资金结构中超过70%是内源融资。在外源融资中，来自正规金融渠道的主要是银行贷款，企业一般选择较熟悉的本地银行，多为农村信用社或者当地的中小银行，来自大型银行的贷款较少。还有的企业表示曾向银行提出过贷款申请但是未获得贷款，原因主要有缺乏贷款抵押品、银行对贷款的其他附带要求太高（比如林权和房产权必须一起进行抵押，但是企业并不拥有独立林权）。关于林权抵押实际操作中的价值评估、违约后的权利变现方式等问题还有待探索和解决。

部分企业因为向银行、信用社贷款困难或不方便，转向非正规金融渠道，一般为个人和民间借贷。民间借贷的利息在0~30%之间，大部分不要求签订书面合同或指定担保人，多依靠人情关系和个人信誉进行信用保证，但这部分资金对于企业融资需求的满足程度十分有限。

（二）融资成本较为合理，银行对企业的信用评级覆盖面有待提升

从整理的数据来看，贷款平均利率均高于现行央行基准利率，大部分企业认为贷款利率处于尚可以接受的水平，说明融资成本在企业的预期或者财务可接受范围之内。但也间接反映了企业可选择的融资渠道较少，面对有限的正规金融机构提供的贷款价格，企业只能被动成为价格接受者。

从企业最近参加资信评估的情况来看，林下经济类型企业获得信用评级的比例更高，说明其面临的正规金融方面的融资约束较小，但是表2-17显示的林业经济类型企业并没有太大比例的银行贷款，这可能与其处于初步发展阶段，产业规模较小，企业尚可依靠自有资金进行运转，没有产业扩张的需求有关。

表2-17　企业银行贷款平均金额对比

企业类型	贷款平均利率（%）	利率整体评价（满分5分，分值越小，认为利率越高）	具有信用等级的企业占比（%）
造林育苗	5.40	2.25	45.45
林下经济	7.05	1.50	60.00
木材和林产品加工制造	5.76	2.39	14.58

（三）抵押贷款是主要的信贷方式，企业所有者的房产和企业的固定资产是主要的抵押物

贷款的信用保证方面，造林育苗、木材和林产品加工制造类型的企业都是将企业或者企业负责人的房产、土地等固定资产进行抵押，可选择的信用方式较少。相比之下，林下经济的信用保证手段更为丰富，还包括了信用、定金等保证方式（图2-7）。

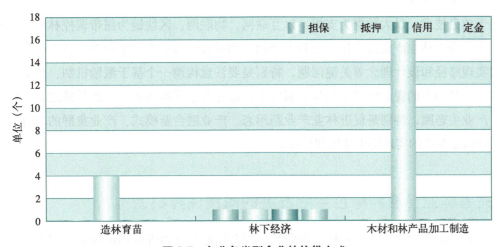

图 2-7 各业务类型企业的信贷方式

改进和完善思路

一、完善林权抵押贷款的资产评估和风险处置环节

林权抵押贷款的顺利开展与贷款发放前的资产评估和发放后的风险处置密切相关。因此，联合林业局等专业机构建立多方共同认可的评估机构，积极为林权流转提供交易资金监管服务，提高林权流转效率，是很有必要的。可以参考一些省份的典型做法，将林权抵押贷款与林权收储、村级信用体系的建设等相结合，建立多方共同的利益共同体，发展普惠林业金融，降低林权抵押贷款的风险。

二、搭建数字化林业金融服务模式，升级基础金融服务

金融是信息产业，有效解决借款人和金融机构之间的信息不对称将大大提升信贷可得性。互联网和大数据的发展为解决信息不对称问题提供了有效的途径，林业产业目前的数字化程度存在较大的提升空间。可将林业产业的相关数据集中，建立信用信息中心，将林户、小微企业、规模化生产大农户、农民专业合作社、家庭林场等信息纳入信用体系，推动信息动态管理和实时共享，打破部门各自为政，打破"信息孤岛"，为金融机构开通信息获取通道，以合适的方式实现信息共享。

三、基于数字信息化探索林业产业链金融服务

产业链金融是农业现代化的有效金融服务方式，农业供应链也成为农户等弱势群体与新型经营主体、核心企业和市场之间的桥梁，是小农融入现代农业产业体系的重要助力，但在林业领域产业链金融发挥的作用有待提升。

基于信息技术，以大数据为支撑，以互联网、物联网、区块链为纽带调控林业产业的全过程，全面推进林业产业信息化。提升生产效率和提高销售效率。重点关注林业信息化、智能化的实现路径和设计理念等关键问题，特别是要注意构建一个基于激励机制、约束机制和风险共担机制为主的智能化林业长效机制体系、信息共享标准体系。在此基础之上，构造产业链、产业生态圈，特别是促进林业产业新形态、产业融合新模式、产业集群的培育，为产业链、价值链金融的实现提供基础和前提。

四、完善林业普惠和绿色金融发展的政策保障机制

一是除了建立政府、金融机构、融资性担保共同参与且合理分担风险的机制以外，对林业普惠金融投入给予一定比例的补贴，对形成的涉农不良贷款按一定比率进行风险补偿。二是完善林权制度改革，完善林地的确权登记、价值评估流程，拓展林权抵押市场空间，从根本上解决农民专业合作社、家庭林场融资过程中的抵押担保难的问题。三是加快推进社会信用体系建设，营造良好的社会信用环境，有效防范金融风险。

五、建立林业绿色金融的储备项目库

林业是绿色金融支持的重要部分，但就调研的结果来看，仅有个别地区运用绿色金融的方法支持了林业生产建设，金融方法也多为碳汇交易，而绿色债券、绿色信贷等其他绿色金融手段有待完善。主要的问题是金融机构与林业经营主体之间的信息不对称，林业经营主体不了解绿色金融的运作机制，而金融机构在寻找绿色项目时，也面临信息不对称的问题。

因此，建议建立全国范围内的林业绿色金融储备项目库，可将符合绿色标准且对生态具有重大意义的项目纳入项目库，实时动态管理，有针对性地向境内外绿色金融机构推介，提高对接效率。

六、优化森林保险保障模式，可采取"基本保险政府兜底+商业保险补充保障"相结合的模式

建议针对不同需求，采取差异化承保。在基本保障方面，通过各级财政分担兜底，取消林农自缴保费，从根本上解决林农散户参保难的问题。提高政策性保险保障程度，扩大保障范围，提高财政补贴资金的使用效率，全面覆盖林木再植成本，实现基本生态保障。在林木价值保障方面，大力开展商业补充保险，实现林业产业链全面价值保障，为集体林改提供更全面的保障。

新中国

集体林改的法律变迁与法理研究

2021 集体林权制度改革监测报告

产权，财产权利的简称。对于人类而言，具有稀缺与效用两大特征的资源可以被称为财产，随着社会发展与环境改变，人类需求发生了变化，被称为财产的资源范畴逐步被拓宽，包括有形财产与无形财产。权利，本质上是行为（包括作为和不作为）的边界。因此，产权是通过正式制度（政策、法律、章程、合同等）与非正式制度（习惯、风俗、约定等），将财产权利分配给利用与保护效率最优的自然人或非自然人，并通过产权交易实现资源优化配置的动态均衡。随着财产范围的拓宽，原有的产权不断分割为新的产权，形成产权束。因此，产权制度的设计与实施是否可以实现财产的效率配置是衡量该产权制度的重要评价指标。据此，在人类发展现阶段，林权是森林产权的简称，森林主要由林地和林木构成，森林对人类的多重功能决定了现行森林产权制度的主要目标是如何通过初始产权配置、产权交易、产权保护的制度体系实现森林利用与保护的均衡目标。

集体林权，指的是新中国成立后，集体林地公有制基础上的林权，由于林木所有权基本是按照"谁造谁有"的政策设计与实施的，实践中纠纷也不多，集体林改主要是集体林地产权制度的改革。改革开放前后的本质区别是计划经济与市场经济的区别，法治建设是市场经济的制度需求。因此，集体林改的法律变迁指的是改革开放后，对改革开放前主要历史阶段集体林地产权制度的政策梳理，有利于理解改革开放后林权改革的背景、原因以及重点。

基于上述考虑，本研究报告内容做如下安排：第一部分，集体林改的政策变迁，主要梳理新中国成立后各主要历史阶段集体林地产权制度变迁，由此推演出集体林地产权制度的改革逻辑。第二部分，集体林改的法律变迁，主要梳理改革开放后与集体林地产权相关的法律规定，得出集体林地产权制度的法律体系。第三部分，集体林改的法理分析，主要对现行集体林地产权法律制度体系进行法理分析。第四部分，深化集体林改的思考与建议，主要基于第二、三部分的分析，对深化集体林改进行思考，并提出建议。

集体林改的政策变迁

以改革开放为界，改革开放前是新中国农村林地国家、集体以及农户所有权体系的形成阶段，改革开放后，以林业三定为开端，随着市场经济与社会的发展，每一次改革都是对集体林地产权束的进一步分析、深化与完善。

一、改革开放前：初始产权配置变更频繁，尚无稳定的产权体系

（一）土地改革时期：大森林归国家所有，其他山林归农民所有

新中国成立初期的土地改革运动始于1950年，到1952年年底基本结束。土地改革以后，贫农、中农占有的耕地占全部耕地的90%以上，原来的地主和富农占有全部耕地的8%左右，农村林地改革则有着与耕地不同的情况。

针对新中国成立初期很多地区存在破坏森林和滥伐林木的现象，1950年4月，政务院第二十八次政务会议审议通过《关于全国林业工作的指示》，指出：当前林业工作的方针，应以普遍护林为主，严格禁止一切破坏森林的行为。未经土地改革的地区，在土地改革时，除

依土地改革的法规保留公营农场外，各县应保留一定数量之土地，准备经营苗圃。保留之苗圃地，在未正式建圃育苗前，暂由各县人民政府统一管理，交农民耕种，不得荒废；公有林（包括国有林）应由林垦部或中央委托之各级林业机构经营采伐，统筹供应公私用材，其他任何机关、部队、学校或企业，不得借口任何理由，自行采伐；对于私有林，在土地改革前，任何人不得破坏，在土地改革进行期间，按照土地改革的法规办理。1951年4月，政务院发布《关于适当地处理林权 明确管理保护责任的指示》，更为明确地规定：正进行土地改革的地区，地主的森林和一般的大森林，按《中华人民共和国土地改革法》（以下简称《土地改革法》）分别处理；在暂不进行土地改革的地区，一切较大的森林，应提前收归国有，有专署以上政府设置林业专管机关，协同地方政府实行管理保护；已经完成土地改革的地区，尚未明确划定林权的森林，其较大者应明令公布为国有财产，由当地人民政府和林业专管机关切实负责管理保护；零块分散的山林，由当地人民政府根据实际情况，按《土地改革法》规定，分别进行清理和确定林权，由县人民政府发给林权证明。《土地改革法》的主要内容是废除地主所有制，实行农民土地所有制。结合前述的林地产权改革精神，新中国成立初期的土地改革将天然林、无主林以及地主所占500亩以上的森林收归国有，其他山林无偿分配给农民。1953年4月，中央政府召开私有林地区森林工业局长会议，对私有林产权改革提出具体办法：土地革命后，未分配的山林，除去大面积或人烟稀少的地区不宜分配的山林属国有外，其他山林一律分配给林农私有。对于林农原有或土地革命中分得的山林，其林权完全属于私有，林农有权对林木进行处理，包括自由出卖幼树以外的林木的权利。1953年9月，政务院发布《关于发动群众开展造林、育林、护林工作的指示》，废除了农民采伐自有林木须经地方政府或林业机关批准的规定，农民可以自由采伐、使用、出卖自有成分的山林，任何人不得加以干涉，包括经济作物山、果子山、木材山等，但对其滥伐林木、不加保育的现象，则应进行教育，加以劝止。

由上可知，土地时期的林地产权改革和耕地改革一样，没收和征收农村所有的林地，不同的是，没收和征收来的林地不是分配给农民，而是将天然林、无主林以及地主所占500亩以上的森林归为国有，其他的统一地、公平合理地分配给无地少地及缺乏其他生产资料的贫苦农民所有，对地主亦分给同样的一份（《土地改革法》第十条），并颁发林地所有证。《土地改革法》第三十条规定："土地改革完成后，由人民政府发给土地所有证，并承认一切土地所有者自由经营、买卖及出租其土地的权利。"政务院的政策与《土地改革法》保持一致，农民对自有的用材林、经济林拥有使用、采伐、买卖的权利，权利边界为不滥伐林木、抚育与保护森林。

（二）合作化与人民公社时期：农民山林折价入社与部分较大森林分配给农民并行

1950年的土地改革将农村耕地和部分林地归为农民私有，但这不是社会主义的目标，运用合作制改造小农经济是马克思主义的基本原理，因此，土地改革是农民合作经济的基础工作，土地改革之后集体经营成为中央的决策共识：建立在小农经济基础上的农业不可能为社会主义工业化提供低成本的农业原料，没有特殊的制度和组织安排，任何政府都不可能解决从高度分散的小农手里提取农业剩余引起的矛盾。在这样的背景之下，从1951年开始，全国各地陆续开展农业生产互助组运动，1956年基本完成初级合作化，1958年基本完成高级形式的农业合作化。在互助组和初级合作社阶段，农民依然保有土地的所有权，在发展过程中，政府主要采取引导方式，强调"自愿互利"。但高级农业生产合作社的建立则完全是强制性的组织制度变迁，农民丧失土地所有权，农村土地集体所有集体经营产权制度得以建立。1958年，在"大跃进"和向共产主义过渡的热潮冲击下，全国迅速掀起了建设人民公社运动，农村土地所有权的主体由单纯的农业经济组织——高级合作社演变为集政治、经济、文化、军事职能于一身的人民公社。1962年9月，中国共产党八届十中全会通过《农村人民公社工作条例（修正草案）》（即人民公社六十条），最终确立了"三级所有，队为基础"的人民公社体制。

林地与耕地的合作化过程有些许不同。农村林地的合作化对象是除天然林、无主林以及地主所占500亩以外属于农民所有的山林，显然占比不高，导致一些林区农民分得的林地不足以维持生计。因此，农林合作化的过程呈现一些特殊现象，一方面，合作化政策下农民将山林折价入互助组、初级合作社和高级合作社，另一方面，国家与地方一些政策将部分较大森林分给农户，如1952年12月，中南军政委员会发布的《中南军政委员会关于固定林权及木材管理暂行办法》规定：大片森林及柴火山，香菇山，小荒山等，以分给靠近村公有，但居山农民田地太少，不足以维持生计者，即使较大之森林也应以一部分给林农私有，分配后，为便于管理与培植，可领导林农，以自愿互利原则，组织林业互助生产合作。随着全国农业合作社的快速推进，许多地方陆续出现新建社散伙和社会退社，甚至大批出卖耕畜、杀养、砍树等现象，面对合作社运动中农民担心财产归公的问题，1955年1月，中共中央出台《关于整顿和巩固农业生产合作社的通知》，在强调自愿联合是办好农业生产合作社的最基本保证的同时，提倡羊群和林木等容易被破坏的生产资料再不入社，等形势稳定以后再办不迟。高级合作社时期，社员在村前村后、屋前屋后、路旁水旁、自留地上和地上种植的树木，都归社员个人所有。

（三）四固定时期：建立以生产队所有权为主，包括使用权和收益权在内的产权体系

人民公社化时期掀起"共产风"，即所谓的"一平二调"，一平是指在人民公社内部实行平均主义的供给制、食堂制；二调是指县、社两级对生产队的土地、物资和劳动力，甚至社员的房屋、家具无偿调拨。1960年11月3日，中共中央发布《关于农村人民公社当前政策问题的紧急指示信》，要求各地彻底纠正"一平二调"的"共产风"，提出以生产队为基础的三级所有制，强调劳力、土地、耕畜、农具必须坚决实行四固定，固定给生产小队使用，并且登记造册，任何人不得随便调用。四固定后，早在人民公社前就已经出现的包产到户在各地涌现，到1961年秋末，安徽省已有85%的生产队实行了包产到户。1962年2月，安徽全省实行责任田的生产队已占生产队总数的90.1%，其他地方如广东、福建、贵州、四川、广西、甘肃、河南等地也不同程度地实行了各种形式的包产到户。据估计，当时全国实行包产到户的约占20%。在1962年8月，北戴河中央工作会议，9月，党的八届十中全会上，包产到户作为"单干风"遭到严厉批判，随后各地开始纠正所谓的"单干风"。

显然，经过"共产风"和包产到户，在人民公社时期形成"三级所有，队为基础"的农村耕地集体所有权体系被打乱，四固定政策强化了以生产队为基础的农村耕地所有权体系。经过不同于耕地的土地改革与合作化运动的农村林地所有权边界更为模糊，1961年6月，中

共中央发布《关于确定林权保护山林和发展林业的若干政策规定（草案）》（下文简称为《山林四固定政策》）较为全面地构建了农村山林产权体系。

1. 山林所有权

《山林四固定政策》提出，山林所有权必须长期固定下来，划清山界。以人民公社化为界，人民公社化后的新造林，遵循"地随林走"和"谁种谁有"的原则，国造国有，社造社有，队造队有，社员个人种植的零星树木，归社员个人所有。

人民公社化以前的山林所有权在尊重已有的所有权基础上进行调整：

（1）国家所有

已经划归国有的山林，仍然归国家所有。

（2）公社所有

原来划归乡公有的山林，可以归公社所有；分散小片的国有林，国家不便专设机构经营，对于山林的保护和发展更为有利的，可以划归附近的公社所有。

（3）生产大队所有

高级合作社时期划归合作社所有的山林，归生产大队所有；原来划归乡公有的山林，可以分给生产大队所有，也可以归几个大队共有。分散小片的国有林，国家不便专设机构经营，对于山林的保护和发展更为有利的，可以划归附近的生产大队所有。

（4）生产队所有

高级合作社时期划归生产队集体所有的山林、原来划归自然村所有的防洪林、防风林、风景林、柴草山等，归生产队所有；属于生产大队所有的小片的和零星的林木，也可以由大队分给生产队所有。

（5）社员个人所有

已经划归社员个人所有的山林，社员在村前村后、屋前屋后、路旁水旁、自留地上和地上种植的树木，归社员个人所有。

2. 山林使用权

除了所有权人对山林拥有使用权外，《山林四固定政策》还规定：

（1）对于国有的山林，应该建立国营林场

一方面，要恢复和严格执行山林管理制度，严禁乱砍滥伐；另一方面，允许附近群众在严格遵守护林规定的条件下，进山打猎，挖药材，采集林副产品，砍取零星用材。

（2）对于分散小片的国有林

国家不便专设机构经营，归公社、生产大队、生产队经营，对于山林的保护和发展更为有利的，可以归附近的社、队经营。

（3）各主管部门在公路、铁路、河道两旁种植的林木

除了自己确实有力量、经营维护得好的以外，一般应该分段包给沿路、沿河的生产队经营。公路、铁路、河道两旁还没有植树造林的，一般应该划给沿路、沿河的生产队，归他们造林。他们种植的林木，就归他们所有。

（4）公社和生产大队所有的山林

凡是适宜由生产队经营的，固定包给生产队经营，少数不便由生产队经营的，可以由公社、生产大队组织林场或专业队经营。承包办法由社会大会或社会代表大会讨论决定。

（5）生产队可以将零星分散的山林包给由社员个人经营

承包方式可以采取定额交产、按产计工、超产归己的办法，或者收益分成的办法。

（6）年年有收益的果木林、经济林等

可以实行包工、包产、包成本和超产奖励的办法，也可以按比例分成。对于当年没有收益的幼林的抚育和已经成林的用材林的管理，应该根据抚育管理的面积，根据一定的质量要求，实行包工，由林木所有者按工付酬。

（7）有柴山、荒坡的地方

可以根据历史习惯和群众要求划给社员一定数量的自留山，长期归社员家庭经营使用。划给社员的自留山，有些已经植树成林，有些尚未植树，社员怎样经营使用自留山的办法，由生产大队的社员代表大会或社员大会决定。

在不破坏山林、不破坏水土保持的条件下，社员对自留山和个人所有的山林因地制宜地安排林、农、牧各项生产。

3. 林木采伐权

无论哪一种所有权类型，采伐木材都必须按照林木生长的规律，在不破坏水土保持，不影响森林更新的条件下进行采伐，多产木材，采伐与更新并举，并与运输木材所必需的基本建设统一安排，坚持采伐和更新并举。

（1）由国家直接采伐的木材和竹材，以及国家按照合同收购的木材和竹材

由国家统一管理，统一分配。国家采伐社、队各级集体所有的林木，必须付给合理的山价。山价偏低的，应该按照等价交换的原则，适当提高。

（2）公社和县以上各级单位不得无偿砍伐生产大队、生产队和社员个人的林木

生产大队和生产队不得无偿砍伐社员个人的树木，违反的，必须全部退赔，并如数推给林木所有者，不得被扣留，若被扣留，由扣留者退还。

（3）社员可以根据森林成长的规律，进行合理的采伐、更新自留山和个人所有的林木

结合森林抚育，砍取烧柴，小农具用材和其他零星用材，但不得乱砍滥伐，任何单位和个人不得破坏社员自留山和个人所有的林木。生产队对于承包的山林，有权在不破坏山林的条件下，砍伐烧柴、小农具材和其他零星用材，进行林区的副业生产和林粮间作。这些经营的收入，可以全部、大部分或者一部分归生产队。

4. 收益权

（1）国家向公社、生产大队、生产队和社员个人，大集体向小集体和社员个人，或者集体向社员个人，收购木材、竹材和各种林产品、副产品，要经过协商同意，签订合同，按照合同以各类价格收购

（2）公社、生产大队和生产队

在按照合同规定完成交售任务以外的木材、竹材和其他林产品、副产品，由社、队支配，可以自用，可以卖给国家或者供销社，也可以在社与社、队与队之间互通有无，等价交换。

（3）自留山和社员个人经营所得的竹木材料和其他林副产品

完全由社员自己支配，可以自用，可以卖给国家或者供销社，也可以在农村集市出售。

（4）生产大队在分配林木收益的时候，必须实行多劳多得的原则，反对平均主义

经营的林木多、林木收益大的生产队，应该分得多些。

1962年9月，中共中央发布《农村人民公社工作条例（修正草案）》，其中第十二条进一步明确，为了保护、培育和合理利用山林资源，公社所有的山林，一般应该下放给生产队所有；不宜下放的，仍旧归公社或者生产大队所有。归公社或生产大队所有的山林，一般地也应该固定包给生产队经营；不适合生产队经营的，由公社或者生产大队组织专业队负责经营。这些山林的所有权和经营权，定下来以后，长期不变。

由上可见，四固定政策针对新中国成立后10年间农村山林产权反复变更造成的混乱局面，明确建立以生产队所有权为主，包括使用权和收益权在内的产权体系。

5. 1966—1976 年：除自留山属于农民个人外，所有山林归国家和集体所有

1967年，中共中央、国务院、中央军委、中央文革小组发布了《关于加强山林保护管理制止破坏山林、树木的通知》，指出除自留山外，不准将国有山林划归集体，不准将集体山林划给个人，已经划定的，必须立即纠正。严格实行计划采伐、计划收购。林业（森工）部门和社、队都必须按照国家下达的计划指标进行采伐和收购，不得无计划生产。任何非经营木材和竹子的部门和单位，未经批准，不许擅自向国营林场和集体单位采购木材和竹子，加强木材市场管理，严禁木、竹自由交易。

综上分析，改革开放前的农村山林产权政策主要集中在山林所有权归属，即初始产权配置，基本不涉及产权交易，这一点与计划经济体制相匹配，而初始产权过于频繁，几乎谈不上产权保护。相对成功的是四固定时期建立的以生产队所有权为主，包括使用权和收益权的产权体系，但仅持续5年左右时间。总体来说，改革开放前，我国尚没有建立较为稳定的农村山林产权体系，遗留下很多林权纠纷。

二、改革开放后：建立以家庭承包为基础的农村山林产权体系

（一）林业三定时期：稳定山林权、划定自留山和确定林业生产责任制

如前梳理与分析，从1949年到1979年，新中国成立30年里，相对于耕地产权变迁，农村山林初始产权更迭更为频繁，国有、集体、农民山林边界不清，林权纠纷不断，许多国有山林被侵占、砍伐，许多地方乱砍滥伐树木、贩运倒卖木材成风，毁林开荒和森林火灾严重，森林资源遭到严重破坏。为此，1979—1980年期间，国务院多次发布制止乱砍滥伐的通知。与此同时，1978年到20世纪80年代初，农业家庭联产承包责任制的实施揭开了我国改革开放的序幕，并在全国范围内迅速推广。1981年3月8日，中共中央、国务院《关于保护森林发展林业若干问题的决定》部署了以"稳定山林权、划定自留山和确定林业生产责任制"为内容的林业三定工作，各地政府响应中央林业三定政策号召，先后制定地方政策。

1. 稳定林权、山权

根据《关于保护森林发展林业若干问题的决定》，稳定山权、林权的做法是："国家所有、集体所有的山林树木，或个人所有的林木和使用的林地，以及其他部门、单位的林木，凡是权属清楚的，都应予以承认，由县或者县以上人民政府颁发林权证，保障所有权不变。"1981年7月，国务院办公厅转发林业部《关于稳定山权林权落实林业生产责任制情况简报的通知》，进一步对在稳定山权林权中出现的权属争议提出解决办法："林权，坚持谁

造谁有、合造共有的政策，维护国家和集体造林成果，防止借口山林纠纷，乱砍滥伐，拆场毁林。集体的山权一般以'四固定'时确定的权属为准；'四固定'时未确定权属的，参考合作化或土改时确定的权属。"由此可见，对于新中国成立后多次的山林产权政策，中央较为认可四固定时的政策。

2. 确定自留山

《关于保护森林发展林业若干问题的决定》规定："自留山由社员植树种草，长期使用。自留山种植的树木，永远归社员个人所有，允许继承。"

在集体林区，地方政府做出了更详细的规定。例如，1981年6月福建省人民政府发布的《关于稳定山权林权若干具体政策的规定》，对可以划入自留山的种类和面积规定："划给社员自留山，一般应划荒山，荒山不足的，可适当划些疏林地，但不准分中、幼林和成林"，"自留山的面积，一般可占生产大队或生产队山地总面积的10%至15%，不超过20%"。1983年，江西省《关于加快林业建设若干问题的决定》中规定：将宜林荒山大部分或全部划作自留山，山林少的，可以不搞责任山，全划作自留山。以前少划了自留山的，可以增划，并换发新的自留山证。自留山的山权属集体所有，由社员长期使用。自留山上原有的林木归集体所有，新增的林木归个人所有，且可继承。社队集体在自有森林内采伐木竹的，要先报所在县林业行政部门审批，发给采伐许可证后方可采伐。农民采伐自留山上原有的树木，或年砍伐新造林零点五立方米以上的，需要报经公社批准后采伐。自留山不允许买卖，也不能转让，不准毁林开荒。如果三五年内不绿化造林的，将由集体收回，承包给其他社员。在1989年的《关于动员全省人民搞好造林绿化的决定》中，将时间缩短至三年，规定如下：农民的自留山、责任山要在三年内造起林来，逾期不造林的由乡村组织造林。湖北省规定，根据各地实际情况，就近划一定数量的宜林荒山作自留山，作烧柴、用材之用。划定的自留山的面积根据当地的山林资源情况确定，山多的多划，山少的少划，已经划定的自留山，一般不要变动。划定的自留山由社员使用，山权归集体所有，但不准转让，不准买卖。自留山上原有的成材林和商品林，应清点造册，归集体所有。承包给户主管理，收益按比例分成或作价处理。社员在自留山上栽植的树木，永远归社员所有，并允许继承。

综合当时政策精神，自留山具有以下特征：①林地所有权属于集体，林农享有经营权，不得出租、转让或买卖。②对自留山所种林木，林农享有所有权，并可以继承。但由于有采伐指标的限制，林农对其自留山上林木的处理受到限制。③划分自留山的做法一般是：自留山以生产队为单位，平均到户，长期经营，不因农户人口变动而增减，即"生不补、死不收"。④自留山的主要用途是农民家庭的薪材和自用材需要。

3. 落实林业生产责任制

《关于保护森林发展林业若干问题的决定》明确了集体林经营的改革方向，即"社队集体林业，应当推广专业承包、联产计酬责任制。可以包到组、包到户、包到劳力"。其运作方式是仿效农业产权制度改革的模式，也是以林地经营权由集体向农民手中转移为特点。各地政府对林业生产责任制不同的实践诠释，形成了分林到户、集体经营（包括作业阶段承包经营）和折股联营三种经营模式。

（1）分林到户

分林到户是林业三定时建立起来的一种林业生产责任制形式，是农业大包干在林业经营上的延伸和发展，双方的责权利以承包合同的形式确立，木竹采伐由集体决定，产品交林业部门收购，收入在缴纳完国家税费、集体提留和30%的林价以后，剩下的部分归林农所有。安徽省绝大部分集体林按照农业承包责任制的方法均分到户，承包山面积达280万公顷，占集体林地面积的74%。湖北省通过林业三定和"两山合一山"，将大部分集体山林落实到了农户经营（有60%~70%山林下户）。

（2）集体统一经营

福建省在林业三定期间，除以荒山为主的9.4%林地实行分林到户和部分区域（如三明市）对"现有林"实行折股联营外，其余大部分地区仍实行集体统一经营。2003年，福建省人民政府下发《关于推进集体林权制度改革的意见》指出，由于大部分集体山林仍由集体统一经营，存在林木产权不明晰、经营机制不灵活、利益分配不合理等突出问题，林农作为集体林业经营主体的地位没有得到有效落实，影响了其发展林业的积极性，制约了林业生产力的进一步发展。

（3）折股联营

福建三明市在林业三定的过程中，没有实行集体山林分户承包经营的模式，而是按照"分股不分山，分利不分林，折股联营，经营承包"的原则，选择集体山林折股联营，山林联系面积、联系产量的"双联"计酬承包管护方法。尽管这一形式遭到部分学者的质疑，但当时的主流观点，特别是林业主管部门认为，这种以"分股不分山，分利不分林"为制度特征的林业股份合作制，既顺应了激发农民林业生产积极性的要求，又避免了分林到户可能带来的林地破碎化和乱砍滥伐弊端。为此，在当时被中共中央办公厅列为"中国农民的伟大实践"典型而在全国推广。

综合各地林业三定政策实施情况，主要有两大特点：第一，在落实林业生产责任制时，为了体现公平原则，按人头平均分配自留山、责任山，而且是按有林地和荒地、近山和远山搭配平分，造成"一山多户主，一户多山头"的现象，使用权高度分散化。第二，林业三定的一项重要内容是确定山权，包括国家林地所有权与集体林地所有权、集体之间的林地所有权，以及划定自留山。但由于在界定山林权属时，缺乏地籍等方面信息与资料，为了在上级政府部门规定的时间内，甚至为了保证提前完成上级政府部门产权界定的任务，集体林产权界定方法简单粗糙，多用自报登记方法，没有到实地逐块勘测丈量绘缩，对林木、山林的坐落位置、四至界限、地名及有关参照物的记录不清晰，林权证和土地证填写不清。有些地方因某些原因甚至未颁发林权证，造成一山多证、有证无山、有山无证、有山无户等混乱现象。

到1984年，全国有3/4的县、4/5的乡村完成了林业三定工作，共划定自留山3133多万公顷，涉及5000多万农户，4000多万公顷的山林承包到户。

至1984年，福建省林业三定工作基本完成。全省98%的山地和林木都明确了权属。其中，山权属国家所有的占8.09%，属集体所有的占90%，属国家与集体合作的占0.13%，未定权属的占1.78%；林权属国家所有的占13.5%，属集体所有的占81.5%，属国家与集体合作的占0.6%，属个人所有的（主要是自留山）占2.5%，未定权属的占1.9%。凡是明确权属的都分别由县以上人民政府颁发山林权证书。

至1982年5月，江西全省落实山林权属面积733.3公顷，占山林总面积的70%；划定自留山153.3公顷，计277.5万户，户平均0.57公顷（8.5亩）；建立林业生产责任制的生产队有6.6万个，占应建总数的40.2%。1983年年底，江西共落实山林权属面积1006.67万公顷，占全省山林面积的96.2%；其中划定自留山272.53公顷，发放自留山证317.2万户，每户平均0.86公顷（12.9亩）；建立生产责任制经营的山林面积632.67万公顷，占山林面积的60.5%，其中大部分签订了集体与农户之间的责任山合同。在这过程中，有些地方将自留山、责任山合并，称为"家庭经营山"。

至1983年4月，安徽有68个县（市）完成林业三定任务，占全省74个县（市）的71.9%。已定权发证的山林面积为5233.7万亩，占全省当年林业用地5492.7万亩的95.3%，为441.2万户农民划定自留山918.4万亩，平均每户2.1亩（15个山区县平均每户7.05亩）；确定林业生产责任制的山林4440万亩，占林业用地面积的80.8%；解决山林权属纠纷55347处，占有争议的山林权属57474处的96.3%。林业三定后期，安徽开始了两山（自留山、责任山）并一山（自留山），霍山县改责任山为自留山26.4万亩，全县农民自留山达170万亩，占集体所有林业用地总面积84%，户均自留山27亩，人均自留山5.7亩。其后各山区县部陆续进行了两山并一山的工作，除国营林场和乡村林场以外，大多山林都分到户经营。

1985年，中共中央、国务院《关于进一步活跃农村经济的十项政策》在取消农副产品统购统销的同时，取消了集体林区木材统购。一些地方出现较为严重的超量采伐现象。1987年6月30日，中共中央、国务院发布《关于加强南方集体林区森林资源管理坚决制止乱砍滥伐的指示》，指出："近一二年来，超量采伐普遍存在，乱砍滥伐屡禁不止，愈演愈烈。造成这种状况的直接原因，主要是林业改革中某些具体政策失调和存在漏洞。"因此，要求"凡没有分到户的不得再分，已经分到户的，要以乡或村为单位组织专人统一护林。积极引导农民实行多种形式的联合采伐、联合更新、造林"。该政策出台后，以江西省为代表的一些省份将分到户的山林重新收回由集体统一经营。林业家庭承包经营取向的改革就此停止。山林集体所有集体经营再次成为我国集体林主要经营制度。

综上可见，与耕地承包到户产权改革不同，20世纪80年代初期的林业三定政策，未将要求以农村林地一律承包到户，地方实践中出现的"分股不分山，分利不分林"为制度特征的林业股份合作制，试图对集体林统一经营制度低效状态进行校正，初衷是通过合作制保持森林整体经营不变，通过股份制解决产权主体虚无和产权界限模糊的状态，以此调动农民林业生产的积极性。因此，制度设计的核心应该是起到权力制衡和监督作用的产权治理结构。但是，制度设计却将经营管理权授予与村行政组织合二为一的管理委员会，政企不分的产权治理结构为林业股份合作制的失败埋下伏笔。随着林业收益的减少以及村级组织财政支出的加大，产权治理结构的虚设成为村级组织利用行政权力终止林业股份合作制的制度漏洞，加上20世纪80年代后期中央对分林到户的叫停，事实上，林业三定政策主要在四固定基础上进一步厘清国有林与集体林的边界，强化了自留山林农民所有的性质，其他山林仍由集体统一经营。

（二）市场化改革时期：允许农村山林产权交易

1993年，党的十四届三中全会后，全国进入市场经济迅速发展阶段。1995年11月7日，国家体改委和林业部联合下发《林业经济体制改革总体纲要》，推行林权市场化改革：允许流转集体宜林"四荒"地使用权；允许通过招标、拍卖、租赁、抵押、委托经营等形式使森林资源资产变现、开辟人工林活立木市场；允许投资者跨所有制、跨行业、跨地区到林区投资开发等。11月10日，林业部、国家国有资产管理局发布《关于森林资源资产产权变动有关问题的规范意见（试行）》，做了进一步具体的规定：

森林资源资产产权变动是指由于出让、转让、合资、合作、股份经营、联营、租赁经营、抵押、拍卖、企业清算等引起的包括用材林、经济林、薪炭林有林地、采伐迹地、宜林荒山荒地在内的森林、林木和林地资产产权的变动。但权属不清或有纠纷的森林、林木和林地、自然保护区的森林、林木和林地不允许产权变动。

森林资源资产产权变动应遵循有利于保护、培育和开发利用森林资源，平等互利，依法公开公正地进行的原则，经林业行政主管部门批准，不得随意买卖，严禁炒买炒卖。

森林资源资产占有单位发生森林资源资产产权变动时，应向当地林业行政主管部门提交森林资源资产产权变动申请书及有关材料。资格审查合格后，国有森林资源资产产权变动由上一级林业行政主管部门审批；集体组织的森林资源资产转让由县级以上林业行政主管部门审批；东北、内蒙古国有林区森工企业经营管理的森林资源资产产权变动由林业部审批。在进行资产评估后，双方协商，按当时我国《经济合同法》的规定，签订森林资源资产产权变动合同或协议。合同或协议生效后，当事人应向当地林业行政主管部门办理产权变动登记手续。森林资源资产产权变动的单位应提供以下资料：林权证书及有关证明；合同及协议；森林资源资产评估报告；其他有关证明材料。

林权市场化改革时，全国大多数农村山林处于集体所有集体经营产权状态，实践中实际拥有山林资源的以村委会为代表的村集体组织，通过买卖青山、合作经营、林地租赁等方式解决入不敷出的村财政问题以及各种摊派，其中不乏中饱私囊的现象；形式公平的招投标等市场运作方式，使山林资源流入具有投资能力的大户、木材商甚至国家机关工作人员手中，而获取采伐指标成为投资能力的关键考量因素，普通农民因此被排除在外；农村基层政府与林业部门也通过合作经营等方式获取一定的山林资源。笔者多年在南方集体林区的实证研究结果表明，林权市场化的运作促使村集体山林由最初的"四荒"拍卖、成熟林转让发展到中幼林、林地使用权的流转。而投资者投资目的在于获取林木收益，高达木材销售价格51%以上的林业税费和造林激励机制的缺乏，导致投资者过度采伐林木，以及在采伐后大量抛荒。随着农村和林业税费改革以及木材市场的开放，林地、木竹价格开始上涨，农民对山林经营权的需求加大，但在投资能力无法与其他强势主体抗衡的情况下，农民只有通过上访、闹事甚至占地经营等方式主张诉求，社会矛盾因此加剧，集体林业面临经营困境。

（三）家庭承包改革时期：将集体林地经营权和林木所有权落实到农户

在市场经济推动下，农民对山林经营权需求加大，集体统一经营面临问题。2002年8月29日，第九届全国人民代表大会常务委员会第二十九次会议通过了我国《农村土地承包法》，2003年3月1日起生效。2003年4月，《福建省人民政府关于推进集体林权制度改革的意见》明确指出，林业三定后，福建大部分集体山林仍由集体统一经营，林农作为集体林业经营主体地位没有得到有效落实，影响其发展林业的积极性，根据《农村土地承包法》提出在全省全面推进集体林改的意见：

1. 明晰所有权，落实经营权

对已明晰权属的自留山、实行家庭承包经营的竹林、经济林及国有、外资、民营企事业等单位和个人，依据合同租赁集体林地营造的林木应予稳定，在本次改革中经确权核实，优先予以登记，发换全国统一式样林权证书。对已经县级以上人民政府规划界定的生态公益林，暂不列入本次改革范围，但应发换林权证；凡权属有争议的林木、林地也暂不列入本次改革范围。对于林木所有权和林地使用权尚未明晰的集体商品林及县级人民政府规划的宜林地，进一步明晰林木所有权和林地使用权，落实和完善以家庭承包经营为主体、多种经营形式并存的集体林经营体制。将林地使用权、林木所有权和经营权落实到户、到联户或其他经营实体。林木所有权、林地使用权一经明晰，必须及时开展林权登记，发换全国统一式样的林权证，以依法维护林业经营者的合法权益。

2. 建立规范有序的林木所有权、林地使用权流转机制

在集体林地所有权性质、林地用途不变的前提下，根据林业生产发展的需要，按照"依法、自愿、有偿、规范"的原则，鼓励林木所有权、林地使用权有序流转。2003年6月25日，中共中央、国务院发布《关于加快林业发展的决定》提出：

（1）进一步完善林业产权制度，依法严格保护林权所有者的财产权

对权属明确并已核发林权证的，要切实维护林权证的法律效力；对权属明确尚未核发林权证的，要尽快核发；对权属不清或有争议的，要抓紧明晰或调处，并尽快核发权属证明。

（2）已经划定的自留山，由农户长期无偿使用，不得强行收回

自留山上的林木，一律归农户所有。对目前仍未造林绿化的，要采取措施限期绿化。

（3）分包到户的责任山，要保持承包关系稳定

上一轮承包到期后，原承包做法基本合理的，可直接续包；原承包做法经依法认定明显不合理的，可在完善有关做法的基础上继续承包。新一轮的承包，都要签订书面承包合同，承包期限按有关法律规定执行。对已经续签承包合同，但不到法定承包期限的，经履行有关手续，可延长至法定期限。农户不愿意继续承包的，可交回集体经济组织另行处置。

（4）对目前仍由集体统一经营管理的山林，要区别对待

凡群众比较满意、经营状况良好的股份合作林场、联办林场等，要继续保持经营形式的稳定，并不断完善。对其他集中连片的有林地，可采取"分股不分山、分利不分林"的形式，将产权逐步明晰到个人。对零星分散的有林地，可将林木所有权和林地使用权合理作价后，转让给个人经营。对宜林荒山荒地，可直接采取分包到户、招标、拍卖等形式确定经营主体，也可以由集体统一组织开发后，再以适当方式确定经营主体；对造林难度大的宜林荒山荒地，可通过公开招标的方式，将一定期限的使用权无偿转让给有能力的单位或个人开发经营，但必须限期绿化。不管采取哪种形式，都要经过本集体经济组织成员的民主决策，集体经济组织内部的成员享有优先经营权。

（5）在明确权属的基础上，国家鼓励森林、林木和林地使用权的合理流转，规范流转程序，及时办理权属变更登记手续，保护当事人的合法权益

各种社会主体都可通过承包、租赁、转让、拍卖、协商、划拨等形式参与流转。当前要重点推动国家和集体所有的宜林荒山荒地荒沙使用权的流转。对尚未确定经营者或其经营者一时无力造林的国有宜林荒山荒地荒沙，也可按国家有关规定，提供给附近的部队、生产建设兵团或其他单位进行植树造林，所造林木归造林者所有。森林、林木和林地使用权可依法继承、抵押、担保、入股和作为合资、合作的出资或条件。积极培育活立木市场，发展森林

资源资产评估机构,促进林木合理流转,调动经营者投资开发的积极性。在流转过程中,要坚决防止出现乱砍滥伐、改变林地用途、改变公益林性质和公有资产流失等现象。

(6)国家鼓励各种社会主体跨所有制、跨行业、跨地区投资发展林业

进一步明确非公有制林业的法律地位,切实落实"谁造谁有、合造共有"的政策。凡有能力的农户、城镇居民、科技人员、私营企业主、外国投资者、企事业单位和机关团体的干部职工等,都可单独或合伙参与林业开发,从事林业建设。

显然,《关于加快林业发展的决定》将《农村土地承包法》落实到集体林改中,颁布后,集体林区省份先后出台地方政策,实施以家庭承包和其他方式承包为主的集体林改,如2004年2月5日,安徽省委、省人民政府发布关于贯彻《中共中央 国务院关于加快林业发展的决定》的实施意见;2月12日,江西省委、省人民政府出台《关于加快林业发展的决定》;2月19日,云南省委、省人民政府发布《关于加速林业发展的决定》;2月27日,浙江省委、省人民政府出台《关于全面推进林业现代化建设的意见》;3月16日,湖南省委、省人民政府发布关于贯彻《中共中央 国务院关于加快林业发展的决定》的意见。

2007年3月16日,第十届全国人民代表大会第五次会议通过了《中华人民共和国物权法》(以下简称《物权法》),将林地在内的农村土地所有权明确为"成员集体所有",并将农民土地承包经营权定性为用益物权。2008年6月8日,中共中央、国务院出台《关于全面推进集体林权制度改革的意见》,指出集体林权制度虽经数次变革,但产权不明晰、经营主体不落实、经营机制不灵活、利益分配不合理等问题仍普遍存在,制约了林业的发展。因此,实行集体林改,把集体林地经营权和林木所有权落实到农户,确立农民的经营主体地位,将农村家庭承包经营制度从耕地向林地的拓展和延伸。相比2003年《关于加快林业发展的决定》,《关于全面推进集体林权制度改革的意见》更为明确地提出家庭承包的改革精神,要求用5年左右时间,基本完成明晰产权、承包到户的改革任务。2009年,新中国成立以来的首次林业工作会议全面部署推进集体林改工作,改革分为主体改革和配套改革两个部分。

第一部分,主体改革即指在坚持集体林地所有权不变的前提下,经本集体经济组织成员同意,依法将林地承包经营权和林木所有权,通过家庭承包方式落实到本集体经济组织的农户,确立农民作为林地承包经营权人的主体地位。对不宜实行家庭承包经营的林地,依法经本集体经济组织成员同意,可以通过均股、均利等其他方式落实产权。村集体经济组织可保留少量的集体林地,由本集体经济组织依法实行民主经营管理。林地的承包期为70年。承包期届满,可以按照国家有关规定继续承包。已经承包到户或流转的集体林地,符合法律规定、承包或流转合同规范的,要予以维护;承包或流转合同不规范的,要予以完善;不符合法律规定的,要依法纠正。对权属有争议的林地、林木,要依法调处,纠纷解决后再落实经营主体。自留山由农户长期无偿使用,不得强行收回,不得随意调整。明确承包关系后,要依法进行实地勘界、登记,核发全国统一式样的林权证,做到林权登记内容齐全规范,数据准确无误,图、表、册一致,人、地、证相符。

第二部分,配套改革包括放活经营权、落实处置权、保障收益权等一系列改革措施。放活经营权,依法将立地条件好、采伐和经营利用不会对生态平衡和生物多样性造成危害区域的森林和林木,划定为商品林;把生态区位重要或生态脆弱区域的森林和林木,划定为公益林。对商品林,农民可依法自主决定经营方向和经营模式,生产的木材自主销售。对公益

林，在不破坏生态功能的前提下，可依法合理利用林地资源，开发林下种养业，利用森林景观发展森林旅游业等。落实处置权，完善林木采伐管理机制。编制森林经营方案，改革商品林采伐限额管理，实行林木采伐审批公示制度，简化审批程序，提供便捷服务。严格控制公益林采伐，依法进行抚育和更新性质的采伐，合理控制采伐方式和强度。在不改变林地用途的前提下，林地承包经营权人可依法对拥有的林地承包经营权和林木所有权进行转包、出租、转让、入股、抵押或作为出资、合作条件，对其承包的林地、林木可依法开发利用。保障收益权，农户承包经营林地的收益，归农户所有。征收集体所有的林地，要依法足额支付林地补偿费、安置补助费、地上附着物和林木的补偿费等费用，安排被征林地农民的社会保障费用。经政府划定的公益林，已承包到农户的，森林生态效益补偿要落实到户；未承包到农户的，要确定管护主体，明确管护责任，森林生态效益补偿要落实到本集体经济组织的农户。

（四）三权分置改革时期：家庭承包经营权分为承包权与经营权

在新型工业化、城镇化、信息化、农业现代化、林业产业与生态建设同步发展背景下，单户经营、粗放耕作、土地撂荒等现象使家庭土地承包经营权制度绩效呈现边际递减效应，制约了耕地和林地的可持续经营与发展，降低了农民土地收入，流转经营成为农户、企业以及政府共同关注的经营方式与改革路径。实践中，因流转经营发生的农民权益受损、企业经营权受限、地方政府过度干预、新旧纠纷不断等普遍问题需要中央政府做出顶层设计。从2013年7月22日，习近平总书记首次提出"深化农村改革，完善农村基本经营制度，要好好研究农村土地所有权、承包权、经营权三者之间的关系"开始，每年的中央农村工作会议和中央"一号文件"、党的十八届五中全会公报等都明确提出农村土地"三权分置"政策。2016年10月30日，中共中央办公厅、国务院办公厅印发了《关于完善农村土地所有权承包权经营权分置办法的意见》。半个月后，2016年11月16日，国务院办公厅发布《关于完善集体林权制度的意见》，将农村土地三权分置政策落实到集体林改中。

《关于完善农村土地所有权承包权经营权分置办法的意见》从政策目标和意义、基本原则与制度设计、政策实施要求三方面系统阐述了"三权分置"政策体系与内容，提出逐渐形成"三权分置"格局：

1. 农民土地集体所有权是一种独立的所有权类型

具体包括四层含义：第一，有权对抗其他组织和个人的非法干预。第二，无论是家庭承包经营还是流转经营，在经营主体违背农村土地经营宗旨、违反法律法规强制性规定时，有权行使监督、调整和收回等权利。第三，为保证农民集体所有权的性质不变，土地承包经营权只能在本集体经济组织内转让，其他流转方式需要向农民集体书面备案。第四，健全的集体经济组织民主议事机制是有效行使集体土地所有权的组织保障，要求分清村委会干部等个人行为与组织决策的界限。

2. 作为农村集体经济组织成员的农户拥有长久不变的土地承包经营权

具体包含三层含义：第一，在承包期内，农户拥有自己经营或流转经营的权利。习近平总书记特别指出，农民家庭承包的土地，可以由农民家庭经营，也可以通过流转经营权由其他经营主体经营。第二，在自己经营时，农户拥有占用、使用、入股、抵押、收益等权利及在一定条件下的退出、补贴和补偿权。第三，农户将经营权流出后，仍拥有农民集体所有权性质派生的成员权,即政策所说的"承包权"。

3. 经过流转获得土地经营权的经营主体拥有受法律保护的权利

具体包括四层含义:第一,在流转合同期内自主从事农业生产经营并取得相应收益的权利。第二,在流转合同期内经流入方同意,可以依法依规设定抵押或再次流转经营权。第三,对于流转合同期内的投入或流转土地被征收时,有权得到补偿。第四,流转合同期满拥有优先续租权。

在分别阐述"三权"各自权利范围基础上,《关于完善农村土地所有权承包权经营权分置办法的意见》进一步提出如何处理"三权"关系的政策导向:农村土地集体所有权具有根本性地位,农户享有承包经营权是集体所有的具体实现形式,具有基础性地位,其他经营主体的经营权是农户承包经营权派生出的权利。只有处理好"三权关系",才能发挥整体效用,实现农村基本经营制度的自我完善。

《关于完善集体林权制度的意见》指出,2008年以来,我国集体林改取得重大成果,需要在巩固集体林地家庭承包基础性地位上,拓展和完善林地经营权能,构建现代林业产权制度,要求到2020年,集体林业良性发展机制基本形成,产权保护更加有力,承包权更加稳定,经营权更加灵活,林权流转和抵押贷款制度更加健全。

(1)稳定集体林地承包关系

第一,继续做好集体林地承包确权登记颁证工作。对承包到户的集体林地,要将权属证书发放到户,由农户持有。对采取联户承包的集体林地,要将林权份额量化到户,鼓励建立股份合作经营机制。对仍由农村集体经济组织统一经营管理的林地,要依法将股权量化到户、股权证发放到户,发展多种形式的股份合作。探索创新自留山经营管理体制机制。对新造林地要依法确权登记颁证。

第二,逐步建立集体林地所有权、承包权、经营权分置运行机制,不断健全归属清晰、权能完整、流转顺畅、保护严格的集体林权制度,形成集体林地集体所有、家庭承包、多元经营的格局。依法保障林权权利人合法权益,任何单位和个人不得禁止或限制林权权利人依法开展经营活动。

第三,加强合同规范化管理。承包和流转集体林地,要签订书面合同,切实保护当事人的合法权益,农村集体经济组织要监督林业生产经营主体依照合同约定的用途,合理利用和保护林地。

(2)放活生产经营自主权

第一,完善商品林、公益林分类管理制度,简化区划界定方法和程序,优化林地资源配置。建立公益林动态管理机制,在不影响整体生态功能、保持公益林相对稳定的前提下,允许对承包到户的公益林进行调整完善。全面推行集体林采伐公示制度,地方政府要及时公示采伐指标分配详细情况。

第二,科学经营公益林。在不影响生态功能的前提下,按照"非木质利用为主,木质利用为辅"的原则,实行公益林分级经营管理,合理界定保护等级,采取相应的保护、利用和管理措施,提高综合利用效益。推动集体公益林资产化经营,探索公益林采取合资、合作等方式流转。

第三,放活商品林经营权。完善森林采伐更新管理制度,进一步改进集体人工用材林管理，赋予林业生产经营主体更大的生产经营自主权，充分调动社会资本投入集体林开发利用。大力推进以择伐、渐伐方式实施森林可持续经营，培育大径级材，提高林地产出率。

（3）引导集体林适度规模经营

第一，积极稳妥流转集体林权。鼓励集体林权有序流转，支持公开市场交易。鼓励和引导农户采取转包、出租、入股等方式流转林地经营权和林木所有权，发展林业适度规模经营。引导各类生产经营主体开展联合、合作经营。积极引导工商资本投资林业，依法开发利用林地林木。建立健全对工商资本流转林权的监管制度，对流转条件、用途、经营计划和违规处罚等作出规定，加强事中事后监管，并纳入信用记录。林权流转不能搞强迫命令，不能违背承包农户意愿，不能损害农民权益，不能改变林地性质和用途。

第二，培育壮大规模经营主体。采取多种方式兴办家庭林场、股份合作林场等，逐步扩大其承担的涉林项目规模。大力发展品牌林业，开展公益宣传活动，引导生产经营主体面向市场加快发展。鼓励地方开展林业规模生产经营主体带头人和职业森林经理人培训行动。

第三，建立健全多种形式利益联结机制。鼓励工商资本与农户开展股份合作经营，推进农村一、二、三产业融合发展，带动农户从涉林经营中受益。建立完善龙头企业联林带户机制，为农户提供林地林木代管、统一经营作业、订单林业等专业化服务。

第四，推进集体林业多种经营。加快林业结构调整，充分发挥林业多种功能，以生产绿色生态林产品为导向，支持林下经济、特色经济林、木本油料、竹藤花卉等规范化生产基地建设。大力发展新技术新材料、森林生物质能源、森林生物制药、森林新资源开发利用、森林旅游休闲康养等绿色新兴产业。鼓励林业碳汇项目产生的减排量参与温室气体自愿减排交易，促进碳汇进入碳交易市场。

第五，加大金融支持力度。建立健全林权抵质押贷款制度，鼓励银行业金融机构积极推进林权抵押贷款业务，适度提高林权抵押率，推广"林权抵押+林权收储+森林保险"贷款模式和"企业申请、部门推荐、银行审批"运行机制，探索开展林业经营收益权和公益林补偿收益权市场化质押担保贷款。

集体林改的法律变迁

在市场经济与法治建设发育较为健全的发达国家，体现市场经济发展需求的法律是经济与社会发展的关键因素，康芒斯甚至把资本主义产生归功于法律制度。改革开放后，在政府主导型市场经济培育过程中，法律与政策是不可缺少、相互作用的两种正式制度形式，以政策推动改革，通过政策实施检验制度供给与需求关系，将成熟的制度内容上升为法律既是经济转型期各项制度建设的必经过程，也是市场经济与市民社会逐步发育与成熟的标志之一。

与政策相比，法律的稳定性、效力性是制度及其实施的有效保证，上升为法律的制度带给人们稳定的预期，对于避免或减少短期行为具有较大的作用。而在法律内部，不同法律赋予的权利性质与救济方式会更好地实现制度价值与目标。

改革开放后，与集体林权相关的法律主要有《中华人民共和国宪法》（以下简称《宪法》）《中华人民共和国民法通则》（以下简称《民法通则》）《中华人民共和国森林法》

（以下简称《森林法》）《中华人民共和国土地管理法》（以下简称《土地管理法》）《中华人民共和国农业法》（以下简称《农业法》）《农村土地承包法》《物权法》《中华人民共和国合同法》（以下简称《合同法》）《中华人民共和国担保法》（以下简称《担保法》）以及《中华人民共和国民法典》（以下简称《民法典》）。根据集体林改的进程，可以将集体林权法律变迁分为三个阶段：第一个阶段是20世纪80～90年代，从《民法通则》《森林法》的规定到宪法地位的奠定；第二阶段以2003年《农村土地承包法》为代表，明确家庭承包与其他方式承包的不同法律性质；第三阶段是2007年《物权法》的出台，赋予家庭承包林地成员权与用益物权的法律性质；第四阶段是2020年我国《民法典》对深化集体林改的典范性作用，以及2019年修订的我国《森林法》将成熟的集体林权制度上升为法律制度。

一、20世纪80～90年代：法律保护

1984年9月20日，第六届全国人民代表大会常务委员会第七次会议通过《森林法》。《森林法》第三条规定：森林资源属于国家所有，由法律规定属于集体所有的除外。国家所有的和集体所有的森林、林木和林地，个人所有的林木和使用的林地，由县级以上地方人民政府登记造册，发放证书，确认所有权或者使用权。国务院可以授权国务院林业主管部门，对国务院确定的国家所有的重点林区的森林、林木和林地登记造册，发放证书，并通知有关地方人民政府。森林、林木、林地的所有者和使用者的合法权益，受法律保护，任何单位和个人不得侵犯。

1986年4月12日，第六届全国人民代表大会第四次会议通过的《民法通则》规定了农村承包经营户这一特殊的民事主体，同时从立法上第一次确立了"承包经营权"，使其成为民法上一个新型的财产权利。《民法通则》将"承包经营权"置于第五章第一节"财产所有权和与财产所有权有关的财产权"之中，之后第二节规定的是债权，表明这部法律实际上是将该权利作为物权来规定的。但《民法通则》对其物权性质并未在具体法律制度中有所体现，相反做出了被很多学者认为是与物权性质相矛盾的规定，即该法第八十一条第三款"承包双方的权利和义务，依照法律由承包合同规定"。很多学者认为这一规定表明承包经营权系基于合同约定而产生的权利。这与物权法定原则中物权的内容须由法律规定的基本内涵明显不符，更多地体现为一种债权性规定。

1986年4月14日，最高人民法院发布了《关于审理农村承包合同纠纷案件若干问题的意见》，该司法解释将土地承包经营权（包括林地承包经营权）纠纷界定为一种合同纠纷，主要表现在两个方面：一是对发包方任意毁约导致承包方不能实现其承包经营权时，仅赋予土地承包经营权人请求发包方继续履行承包合同、赔偿损失的债权保护措施。"审理这类案件，应当依法维护原合同的效力。承包人要求继续履行合同的，应予支持。发包方毁约给承包人造成的经济损失，应当予以赔偿"。二是规定了7种变更或解除承包合同的情况，造成承包经营权极不稳定，承包法律关系极易发生变动。这一规定与土地承包经营权作为物权必须具有的稳定性相违背，导致农用地经营中的短期经营行为。

1986年6月25日，全国人大常委会通过了《土地管理法》。该法第十二条第二、三款规定："承包经营土地的集体或者个人，有保护和按照承包合同规定的用途合理利用土地的义

务。土地的承包经营权受法律保护。"内容基本与《民法通则》承包经营权的规定是一致的，体现了承包内容的约定性。1998年《土地管理法》修订时，增加了"土地承包经营期限为三十年。发包方和承包方应当订立承包合同，约定双方的权利和义务。在土地承包经营期限内，对个别承包经营者之间承包的土地进行适当调整的，必须经村民会议三分之二以上成员或者三分之二以上村民代表的同意，并报乡（镇）人民政府和县级人民政府农业行政主管部门批准"的规定，通过严格农地调整程序，纠正1984年《关于一九八四年农村工作的通知》对土地调整仅规定："在延长承包期以前，群众有调整土地要求的，可以本着'大稳定，小调整'的原则，经过充分商量，由集体统一调整。"未规定严格的承包地调整条件和程序，造成农村调地现象频繁，农民土地承包经营权不稳定的状况。

1993年3月29日，第八届全国人民代表大会第一次会议通过的《中华人民共和国宪法修正案》，第八条第一款明确规定"农村中的家庭联产承包为主的责任制和生产、供销、信用、消费等各种形式的合作经济，是社会主义劳动群众集体所有制经济。"这是自1982年中共中央"一号文件"首次从政策上确认包干到户、1987年施行的《民法通则》首次在民事基本法律的层面上明确规定农民享有土地承包经营权以来，我国第一次以国家根本大法的形式确立家庭联产承包制的法律地位，政策和法律的一致性和连续性，使农村集体所有的土地在20世纪90年代中期基本上实现了长期承包给农户经营。

需要解释的是，对1993年《宪法修正案》中规定的"家庭联产承包责任制"的性质，必须结合实践和之前的法律规定进行综合分析。首先，1993年《宪法修正案》中的"家庭联产承包责任制"就是在当时各地农村实施的"大包干"制度。因为这时的"家庭联产承包责任制"是以农民家庭为承包单位，农户拥有生产经营自主权，其生产不需要像包产到户那样"联系产量"，也不需要承担除向国家和集体缴纳税费以外的责任，在收益上拥有自主权，"保证国家的、留足集体的、剩下都是自己的"。其次，1993年《宪法修正案》中的"家庭联产承包责任制"不是一种农业生产责任制，而是建立在农村土地所有权与经营权的分离，即土地属集体所有，由农户承包经营的基础之上。1987年实行的民事基本法律《民法通则》规定的集体所有权以及土地承包经营权的基本内容，为"家庭联产承包责任制"中所有权与经营权相分离奠定了法律基础。因此，1993年《宪法修正案》中的所确立的"家庭联产承包责任制"实质上是农村土地产权制度的变革，而不是一种生产责任制或计酬方法。

1993年7月2日，第八届全国人民代表大会常务委员会第二次会议通过的《农业法》规定了土地承包经营权的内容。该法第十二条规定："集体所有或者国家所有由农业集体经济组织使用的土地、山岭、草原、荒地、滩涂、水面可以由个人或者集体承包从事农业生产。国有和集体所有的宜林荒山可以由个人或者集体承包造林。个人或者集体的承包经营权，受法律保护。发包方和承包方应当订立农业承包合同，约定双方的权利和义务。"第十三条规定："除农业承包合同另有约定外，承包方享有生产经营决策权、产品处分权和收益权，同时必须履行合同约定的义务。在承包期内，经发包方同意，承包方可以转包所承包的土地、山岭、草原、荒地、滩涂、水面，也可以将农业承包合同的权利和义务转让给第三者。"《农业法》上述两条规定反映了立法者在土地承包经营权性质上认识的矛盾：一方面规定非经发包人同意，土地承包经营权人不能转让土地承包经营权，也不能转包承包土地，这明显是将土地承包经营权转让视同普通债权的转让，即使是不改变权利性质的转包也要征得发包方的同意，因而土地承包经营权的性质为债权而非物权。但另一方面却赋予了承包方诸如生产经营决策权、产品处分权和收益权等只有物权人才能享有的权利。

由于1993年《宪法修正案》确立的"家庭联产承包责任"既不"联产"，也不对国家再承担除了税费之外的"责任"，已经超越生产责任制的范畴，"家庭联产承包责任"的提法造成很多的误解，例如联系农户与生产队的农业承包合同被看作仅是一个落实生产责任制的内部协定。1998年10月14日，中国共产党第十五届中央委员会第三次全体会议通过的《中共中央关于农业和农村工作若干重大问题的决定》，将该制度修订为"以家庭承包经营为基础、统分结合的双层经营体制"，并指出"家庭承包经营是集体经济组织内部的一个经营层次，是双层经营体制的基础，不能把它与集体统一经营割裂开来，对立起来，认为只有统一经营才是集体经济。要切实保障农户的土地承包权、生产自主权和经营收益权，使之成为独立的市场主体"，使得集体土地所有、家庭承包经营这一土地经营制度的变化进而带来"两权分离"产权制度变革被国家政策正确确认。

顺应这一变化，1999年，第九届全国人民代表大会第二次会议对1993年《宪法修正案》关于我国农村经济基本制度的规定进行了修正，确立了"农村集体经济组织实行家庭承包经营为基础、统分结合的双层经营体制"，这一规定标志着家庭承包经营制宪法地位的正式确立。

二、2003年《农村土地承包法》：债权保护

债权关系是指基于承包合同形成的承包方与发包方之间的债权债务关系。表现为：土地承包经营权的成立依赖于承包合同，承包合同的内容由双方当事人约定，因而权利内容也因约定的不同而有明显的差异，对侵犯承包经营权的救济方式只限于违约责任的承担，并不涉及其他救济途径。依照债权债务关系双方互负债权债务的法律特性，承包方有权要求发包方将土地交由其承包经营，其权利的实现需要义务人——发包方为或不为一定行为才能实现。

2002年8月29日，第九届全国人民代表大会常务委员会第二十九次会议通过《农村土地承包法》，该法第二条明确将林地纳入调整范围中：本法所称农村土地，是指农民集体所有和国家所有依法由农民集体使用的耕地、林地、草地，以及其他依法用于农业的土地。在2001年6月26日，第九届全国人民代表大会常务委员会第二十二次会议上，全国人大农业与农村委员会副主任委员柳随年作了《关于〈中华人民共和国农村土地承包法（草案）〉的说明》，该报告指出："对家庭承包的土地实行物权保护，土地承包经营权至少30年不变，承包期内除依法律规定外不得调整承包地，发包方不得收回承包地；对其他形式承包的土地实行债权保护，当事人的权利义务、承包期和承包费等，均由合同议定，承包期内当事人也可以通过协商予以变更。"依法理，该《说明》的性质应该是立法解释，具有与《农村土地承包法》同等的法律效力。但是，《农村土地承包法》出台后，学界对土地承包经营权法律性质的争议没有停止，关于该法中土地承包经营权的法律属性仍然众说纷纭，分别有物权说、债权说、不完全物权说。

物权说主要观点：王权典等（2004）认为，《农村土地承包法》诞生于农地承包经营权

物权化呼声日高之际，其物权性质已是十分明显。如该法的立法宗旨是"稳定和完善以家庭承包经营为基础、统分结合的双层经营体制，赋予农民长期而有保障的土地使用权，维护农村土地承包当事人的合法权益，促进农业、农村经济发展和农村社会稳定"（第一条）；规定了保护农村土地承包关系的长期稳定（第四条），尊重大多数农民的意愿，坚持公开、公平、公正的原则，正确处理国家、集体、个人三者的权益关系（第七条）；支持和保护承包方依法自愿、有偿进行土地承包经营权的流转（第十条）等原则；规定了家庭承包和其他形式承包的发包方和承包方的权利和义务、承包的原则和程序、承包合同、承包经营权至少30年不变、土地承包经营权的保护和流转等内容；该法还规定了相关的法律责任。承包双方的权利义务是法定的，承包人依法在不改变土地农用目的的前提下，自主行使经营权或将承包经营权进行自愿、有偿流转不受发包方的限制（但以转让方式流转的，应经发包方同意，其他流转要报发包方备案）；特别是该法第五十四条规定了承包方在土地承包经营权受到侵害时，有权请求行为人停止侵害、返还原物、恢复原状、排除妨害、消除危险、赔偿损失。很明显，《农村土地承包法》已明确地赋予承包经营权的物权地位。张里安等（2008）学者赞同上述理由，并进一步认为，2003年《农村土地承包法》已经将农村土地承包经营权认定为物权，但这个物权的权能并不健全。

债权说主要观点：王利明等（2012）认为，由于土地承包经营权尚未被明确界定为一种物权，因此，其作为被征收人所应享有的权益没有得到应有的重视和保护。王晓慧等（2006）认为，《农村土地承包法》关于承包经营权的物权性存在着诸多错位，表现在：其一，对承包期限作用的误解。该法第二十条规定了耕地等不同土地的承包期限为30～70年，似乎认为承包期限越长就越能起到物权保护的作用，但这并非承包经营权具有物权性质的核心和关键因素，因为债权性质的权利也可规定较长期限。其二，仅仅规定承包方自承包合同生效时取得承包经营权，但未明确该权利的性质是物权还是债权。其三，土地承包经营权流转的规定违反了物权性质。该法第三十七条规定，采取转让方式流转的，应当经发包方同意。该规定是不符合物权变动原理的。因为，物权的转让应由物权人自主决定，如果是否转让取决于他人，就与物权的支配性、排他性本质相冲突，就不是真正意义上的物权。刘俊（2007）认为，我国农村土地承包法律制度无论在立法理念、基本原则或者具体规则方面都处于矛盾与冲突状态。如既希望承包经营权流转，又不当地限制承包经营权的流转。孙淑云（2003）认为，2003年施行的《农村土地承包法》全面规定了与农村土地承包经营相关的各项主要内容，强化了土地承包权的效力及对承包经营权的保护。但是该法因为并没有将承包经营权明确规定为物权，导致承包人对承包土地经营权的处分权依然得不到充分的认可与尊重，进而影响到农村土地的有效流转和经营效率的提高。

不完全物权说主要观点：李敏飞等（2006）认为，当前农村土地承包经营权是一种过渡性物权，或不完全性物权。首先从当前立法规定和农村实践来看，农村土地承包经营权有较强的债权属性。其次，土地承包经营权并不完全是债权，而是一种过渡性、动态性物权，是一种由完全债权向完全物权过渡时期的产物。

面对各执一词的学者观点，笔者认为，仅从字面或法条中难以准确确定土地承包经营权的法律性质，必须从土地承包经营权政策与法律变迁中把握《农村土地承包法》的立法宗旨，再结合法条及立法解释对该法中的土地承包经营权性质进行法律认定。据此，笔者的看法是：其他方式土地承包经营权是债权，而家庭土地承包经营权具有物权化倾向的债权，揭示了土地承包经营权由政策产权上升到法律产权的历史变迁，预示着将从债权保护发展到物权保护的立法趋势。

（一）土地承包经营权的法律性质是债权，非物权

其主要依据如下：

第一，《农村土地承包法》明确规定了土地承包经营权可以流转，并规定具体的流转方式：转包、出租、互换、转让或者其他方式，但对于最能体现物权属性的转让则限制颇多，其中最重要的一项是转让必须征得发包方同意。如果推定土地承包经营权是物权，那么，作为具有排他性支配权的物权人——农户，在转让属于自己的土地承包经营权时无须包括发包方在内的任何人的同意。法律要求须经发包方同意方能转让，意味着立法者仍把土地承包经营权看作是一种债权。因为债权具有相对性，债权债务的转让需经对方当事人同意。

第二，《农村土地承包法》在确认耕地、草地、林地承包经营权长期化的同时，允许承包地有条件的调整，即"承包期内，因自然灾害严重损毁承包地等特殊情形对个别农户之间承包的耕地和草地需要适当调整的，必须经本集体经济组织成员的村民会议三分之二以上成员或者三分之二以上村民代表的同意，并报乡（镇）人民政府和县级人民政府农业等行政主管部门批准"（第二十七条第二款）。尽管规定了较严格的土地调整条件和程序，但这一规定意味着土地承包经营权人无法排除发包人对其承包地进行调整，土地承包经营权的排他性缺失。

第三，《农村土地承包法》第十六条仅规定了承包地被依法征用、占用的，承包方有权依法获得相应的补偿，而没有规定承包地被征收时承包方有权获得补偿。征用与征收的法律性质截然不同，征用承包地时，承包方仅是暂时丧失对土地的使用权，而征收承包地承包方则永久地失去了包括占有、使用、收益等权利在内的土地承包经营权。与此规定相同，《土地管理法实施条例》第二十六条只规定耕地被征收后，"土地补偿费归农村集体经济组织所有；地上附着物及青苗的补偿费归地上附着物及青苗的所有者所有"，由此可见土地承包经营权人仅能以青苗所有者的身份获得青苗补偿费，却不能以土地承包经营权人的身份获得土地承包地补偿。这些规定和债权性的土地承包经营权相协调的。正因为土地承包经营权属于债权，属于相对权，当承包地被征收导致承包合同不能继续履行时，承包方只能向发包方请求赔偿，却无权向征收方请求赔偿。

（二）土地承包经营权的性质具有物权化倾向

其主要依据如下：

第一，《农村土地承包法》第二十条规定："耕地的承包期为三十年。草地的承包期为三十年至五十年。林地的承包期为三十年至七十年；特殊林木的林地承包期，经国务院林业行政主管部门批准可以延长。"虽然仅凭承包期限的长短不能确定土地承包经营权的物权或债权性质，但通过土地承包经营权期限的政策与法律规定的历史变迁，可以看出其物权化的倾向。1984年，中共中央发布《关于1984年农村工作的通知》提出："延长土地承包期，承包期一般应在15年以上。"1993年，中共中央发布《关于当前农业和农村经济发展的若干政策措施》提出："为了稳定土地承包关系，鼓励农民增加投入，提高土地的生产率，在原定的耕地承包期到期之后，再延长30年不变。开垦荒地、营造林地、治沙改土等从事开发性生产的，承包期可以更长。"1998年，全国第一轮土地承包到期，为配合即将开展的第二轮土

地承包工作，当年修订的《土地管理法》对承包期限进行了确认，规定"土地承包经营期限为三十年"。2003年，《农村土地承包法》在确定耕地30年基础上延长草地和林地承包期，物权化倾向已十分明显。

第二，《农村土地承包法》第二十三条规定："县级以上地方人民政府应当向承包方颁发土地承包经营权证或者林权证等证书，并登记造册，确认土地承包经营权。"依法理，土地承包经营权的债权性质，决定其法律凭证为书面土地承包合同，发包方和承包方各持一份合同足以表明相互的请求权，但物权的绝对排他性要求其必须通过公权力公诸于世，据此，登记便成为不动产物权权利公示的法定方式。县级以上地方人民政府通过登记并颁发土地承包经营权证书这种公示方法，表明了土地承包经营权具有对世性。

第三，《农村土地承包法》第五十四条规定："发包方有损害承包方土地承包经营权行为的，应当承担停止侵害、返还原物、恢复原状、排除妨害、消除危险、赔偿损失等民事责任。"其中的停止侵害、返还原物、排除妨害、消除危险等是物权受侵害时的法律救济手段。与之前的法律将土地承包纠纷作为合同纠纷，并采取赔偿损失等债权救济方式不同，这一规定表明了立法者对土地承包经营权进行物权保护的立法趋势。

三、2007年《物权法》：物权保护

如前所述，我国农村林地产权制度主要由《民法通则》《土地管理法》《农村土地承包法》《农业法》等法律来规范，这些法律初步建立了包括集体土地所有权和土地承包经营权在内的农用地产权结构，但各种法律之间存在着许多矛盾和不足之处，表现在：对集体所有权主体的规定存在差异。《民法通则》第七十四条只规定了村农民集体、乡（镇）农民集体是集体土地所有权的主体，而随后制定的《土地管理法》《农业法》均规定村内各农民集体亦可为集体土地所有权主体；以及对土地承包经营权性质上存在的认识差异等。法律之间的冲突与矛盾已不适应农村实践日益发展的需要，包括林地在内的农村土地的产权制度成为农村各项改革与三农问题解决的前提与源头。因此，科学合理的设计包括所有权、用益物权和担保物权在内的完整农用地物权体系，对于修正之前相关法律规定之不足，完善我国的土地利用制度，提高我国土地的利用效能，具有重要的意义。2007年3月16日，第十届全国人民代表大会第五次会议通过《物权法》，构建了我国的农用地物权体系，由自物权（成员集体所有权）和他物权（用益物权和担保物权）构成。

（一）农村林地成员集体所有权

农地集体所有权是承包经营权等其他农地权利丰富发展的根源和基础，它影响、决定着其他农地权利存续发展的宗旨、方向和内容。《物权法》在第五章"国家所有权和集体所有权、私人所有权"中，从第五十八条到第六十三条规定了包括集体所有权的主体、客体、所有权的行使等集体土地所有权的内容。

1. 集体土地所有权的主体

1987年实施的《民法通则》将集体所有权规定为我国所有权的一种重要类型，但并没有将集体作为民事主体的一种单独加以规定。既然"集体"没有被确立为一种民事主体，那么集体所有权究竟是谁的所有权呢？不同的法律对集体所有权主体的规定各有不同。《民法

通则》将集体土地所有权主体规定为"劳动群众集体",《土地管理法》和《农业法》将集体土地所有权主体规定为包括村农民集体、村内两个以上农村集体经济组织的农民集体、乡（镇）农民集体三级主体在内的"农民集体"。

学界对集体所有权主体的争议较多，比较有代表性的观点：第一，抽象的集体所有说。《民法通则》第七十四条为其立法依据：劳动群众集体组织的财产属于劳动群众集体所有，包括：①法律规定为集体所有的土地和森林、山岭、草原、荒地、滩涂等；②集体经济组织的财产；③集体所有的建筑物、水库、农田水利设施和教育、科学、文化、卫生、体育等设施；④集体所有的其他财产。集体所有的土地依照法律属于村农民集体所有，由村农业生产合作社等农业集体经济组织或者村民委员会经营、管理。已经属于乡（镇）农民集体经济组织所有的，可以属于乡（镇）农民集体所有。第二，以韩松为代表的总有说，主要用来分析农村集体土地的占有关系。第三，以孔祥俊为代表的法人所有与个人所有的契合说。这个理论旨在用公司或合作社制度来改造集体组织。第四，以王利明为代表的集体组织成员共同所有说。这种学说主张集体与成员是不可分割的，集体所有不是全民所有而应当是小范围的公有，即由成员共同享有所有权，但财产又不可实际分割为每一个成员所有，也不能将财产由成员个人予以转让。

本质上农民集体与成员集体是密切联系的。农民集体首先是农村一定社区范围、与社区地域联系的居民群体，即人的集合体。从整体意义上讲一个集体就是一个组织，也就是集体组织。因此，集体组织实质上就是成员集体。农民集体侧重于集体的范围，成员集体侧重于集体的实在主体性，强调了每个成员对集体土地享有的权利。《物权法》第五十九条第一款明确将"农民集体所有的不动产和动产"解释为"属于本集体成员集体所有"，并在第二款明确列举了包括土地承包方案在内的经本集体成员决定的事项。根据共同所有的法律分类，这一规定是按照总有性质设计农民集体所有权：第一，农民集体所有权是由集体成员组成的共同所有，是独立于私有产权、国有产权的所有权形式。其使用收益权和管理决策权分别属于成员个体与成员集体，不属于集体以外的任何组织和个人。第二，农民个体具有以使用收益为内容的成员权。即通过家庭承包方式取得的土地承包经营权。因此，家庭承包集体农用地是成员集体所有权的制度要求。第三，管理决策权属于成员集体。《村民委员会组织法》第十九条规定包括承包经营方案在内的涉及村民利益的事项必须提请村民会议讨论决定。

2. 集体土地所有权的行使与监督

《物权法》第六十条明确了村集体经济组织或者村民委员会、村内各集体经济组织或者村民小组、乡镇集体经济组织是行使集体土地所有权的代表，实践中村委会等为谋求私利滥用权力、损害农民利益的情况时有发生，为了防范集体土地所有权代表侵害集体土地所有者以及集体成员利益，《物权法》从集体成员民主议定事项的规定和赋予集体成员撤销权两个方面，加强对集体土地所有权行使代表的监督。

第一，明确需要集体成员民主议定事项的范围。过去法律虽然规定了集体财产所有权主体，但并未规定其如何行使权利，造成诸如村集体经济组织、村民委员会等集体所有权的管理人滥用所有权人的各项权利。针对这一法律上的漏洞，《物权法》第五十九条第二款以列举的方式规定涉及村民重大利益的事项，必须由村民集体讨论决定，管理人必须依照民主决议行使。这一规定可以有效制止诸如村民委员会等行使集体土地所有权的代表损害农民利益的行为。

第二，赋予集体成员撤销权。在以往的司法实践中，村民向法院起诉村干部侵吞集体资产、侵犯村民合法权益，法院都以"主体不适合"或"属于集体组织内部纠纷"为由不予受理。《物权法》第六十三条第二款明确规定，"集体经济组织、村民委员会或者其负责人作出的决定侵害集体成员合法权益的，受侵害的集体成员可以请求人民法院予以撤销"。从中可以看到，物权法赋予了集体成员在其合法权益有遭受村集体"强势之人"的侵犯时，以诉讼手段撤销的权利，为集体成员维护自身合法权益进而维护集体财产打开了一条通道。

3. 集体土地所有权的保障

在我国城市化、工业化的进程中，大量农村集体所有土地通过国家征收的方式成为新的用地来源。集体土地所有权目前受到的最大侵害是地方政府对其实施的越权审批、非法征收、先征后批、以租代征、少批多占等违法征地行为，以及打着"公共利益"而行商业开发的征地行为。违法征地引发的纠纷已成为当前社会的主要纠纷，并由此产生严重的社会问题。《物权法》细化了对集体所有权的保障，除了强调征收必须基于公共利益，履行法定程序之外，相较于之前的《土地管理法》对征收补偿范围"土地补偿费、安置补助费以及地上附着物和青苗的补偿费"的规定，增加"安排被征地农民的社会保障费用，保障被征地农民的生活"的内容。此外《物权法》第五十九条将"土地补偿费的使用和分配办法"列入由农民集体成员依法定程序决定的集体重大事项范围。

（二）用益物权：林地承包经营权、地役权

土地资源具有稀缺性，"地尽其力"是土地物权制度设计的目标，现代土地制度已由"所有向利用"转变。具体表现为土地利用方式对土地所有权的决定作用和土地所有权向土地用益权的让步，或者说土地用益权的优越性，即土地利用人的法律地位的强化和提升。土地制度由"所有向利用"的转变在我国农用地物权体系的构建中具有重要的意义，土地承包经营权作为对我国集体土地所有权的主要利用方式，通过强化其法律地位，可以达到在土地公有条件下农用地有效利用的目的。此外，在我国的宪政体制下，集体土地除了通过征收方式发生所有权的变化外，不能成为市场交易对象。因此，在构建我国农地市场的过程中，只有让农民的土地承包经营权成为农地市场最主要的甚至是唯一的权利载体，只能让土地承包经营权在农地民事关系流转中发挥作用。

1. 林地承包经营权

《物权法》将"土地承包经营权"纳入"用益物权"编，在赋予其用益物权法律地位的同时，将其置于该编编首，充分说明了"土地承包经营权"在用益物权中的重要法律地位。《物权法》虽然在内容上并未超越《农村土地承包法》，但该法肯定了土地承包经营权的物权性质，结束了土地承包经营权在性质上属于物权抑或债权的争论，突出土地承包经营权作为一项用益物权的物权特征，赋予了承包人对土地独立而稳定的支配权利，使农民拥有了相对独立于集体土地所有权的法定物权。因此在行使集体土地所有权时必须尊重土地承包经营权，从而形成对集体土地所有权的法律限制，而且将土地承包经营权确定为物权，实际上确立了农民作为土地直接利益主体的法律地位，使农民行使权利参加集体土地的管理有了强有力的法律保障。《物权法》在《农村土地承包法》对土地承包经营权物权化的基础上在"总

则"部分和"用益物权"部分又增加了一些具有物权属性的规定。

第一，专章规定物权保护方式，给予土地承包经营权物权保护。

《物权法》明确了物权保护方式，包括：①请求确认物权，即物权的归属发生争议时，利害关系人请求法院或行政机关等予以确认，以消除权属争议的方式。物权确认是物权保护的前提。通常物权请求权的行使都是以物权人享有物权为基础的，也就是说，在物权人享有物权的情况下，才能行使该请求权。但在物权的归属发生争议的时候，当事人不能直接行使物权请求权，而必须首先请求确认物权的归属。②物权请求权。物权请求权以排除妨害与回复物权的圆满状态为目的，故依妨害形态的不同为标准，物权请求权可以大致分为原物返还请求权、排除妨害请求权和妨害预防请求权。实践中，对土地承包经营权的最主要侵害为集体组织对土地承包经营权的侵害，主要表现形式为不予分配承包地或随意调整、收回承包地、征收补偿款的分配等形式。特别是后一种情况，在《物权法》颁布前，承包方享有的土地承包经营权常被看作是债权，因此承包方只能要求发包方承担违约责任或实际履行合同，在发包方拒不履行合同的情况下，基于债权要求恢复对承包土地的占有是很困难的，对承包方利益的保护极其不利。《物权法》颁布后，土地承包经营权被明确为用益物权，当发包方不分配承包地或随意调整、收回承包地时，承包方通过行使物权请求权，使其恢复对土地承包经营权的圆满支配。

第二，确立物权变动与其原因行为区分原则，明确了土地承包经营合同与土地承包经营权取得的关系。物权变动是指物权的取得、变更和丧失，物权变动有其法律上的原因。发生以物权变动为目的的基础关系，主要是合同，属于债权法律关系的范畴，成立以及生效应该依据债权法以及《合同法》来判断，这种合同属于物权变动的原因行为。区分原则是指在发生物权变动时，物权变动的原因与物权变动的结果作为两个法律事实，他们的成立生效依据不同的法律根据的原则。《物权法》第十五条规定了物权变动与其原因行为区分原则："当事人之间订立有关设立、变更、转让和消灭不动产物权的合同，除法律另有规定或者合同另有约定外，自合同成立时生效；未办理物权登记的，不影响合同效力。"依据该区分原则，对《物权法》第一百二十七条规定"土地承包经营权自土地承包经营权合同生效时设立"，即土地承包经营权的设立，只需发包方与承包方达成合意即可，应当结合该原则进行理解，即这里的土地承包经营权合同是土地承包经营权设定或取得的原因行为，法律虽不要求该项物权的设立以登记为要件，但承包合同仅为取得土地承包经营权的基础关系，因此其债权性并不影响土地承包经营权的物权属性。

第三，赋予承包地被征收土地承包经营权人获得补偿的权利。如前所述，在《物权法》颁布之前，我国的征地补偿制度是单一的土地所有权征收补偿制度，土地承包经营权人不能独立获得补偿，这明显不公平，原因在于广大农民集体成员享有的对集体土地所有权的权益，主要体现为对土地承包经营权的享有。集体所有的土地的利用方式主要是用于从事农业生产，其主要实现形式也是农民土地承包经营权。征收承包地时不仅仅涉及土地所有权人的利益，而且必然会涉及土地承包经营权人的利益。仅补偿集体土地所有权人土地补偿费，而不给予土地承包经营权人以相应补偿，显然是剥夺了其财产权益。这样的规定实际上反映出立法者将土地承包经营权看作为一项债权。

《物权法》将土地承包经营权确定为一项用益物权，作为一项独立的物权，在发生土地被征收时，必须给予权利人——土地承包经营权人以相应的补偿。《物权法》在第一百二十一条中对用益物权的客体被征收做了总括性的规定，"因不动产或者动产被征收、征用致使用益物权消灭或者影响用益物权行使的，用益物权人有权依照本法第四十二条、第四十四条的规定获得相应补偿"，同时又在第十一章"土地承包经营权"中规定了承包地被征收后的补偿，承包经营权人基于土地承包经营权有权获得包括土地补偿费、安置补助费、地上附着物和青苗的补偿费等费用，被征地农民的社会保障费用等在内的补偿。

2. 地役权

我国《物权法》第十四章规定了地役权，地役权属于辅助性土地用益物权。地役权的基本功能在于调节不动产的利用，以便更好地发挥不动产的效用。与传统大陆法系对地役权规定不同，受制于土地公有制，我国地役权的设立主体以土地使用权人为主，因此土地承包经营权人既可以以需役地权利人的身份设立地役权，也可以在其使用的土地上为需役地权利人设立地役权，从而最大限度调节农村不动产利用关系。地役权与相邻关系都具有调节不动产利用的功能，因此在农用土地上，除可依相邻关系对相邻土地利用进行调整，也可以通过设定地役权来实现更大的土地利用便利。

3. 担保物权

《物权法》颁布后，相比较农用地用益物权的完整性，农用地担保物权的种类非常少，明确规定可以设定抵押的仅限于第一百八十条中规定的："以招标、拍卖、公开协商等方式取得的荒地等土地承包经营权"可以抵押，这意味着在以其他方式取得的土地承包经营权上可以设定抵押权。

对于以家庭承包方式取得的土地承包经营权能否抵押，存在两种不同的认识，一种观点是《物权法》第一百八十条规定："债务人或者第三人有权处分的下列财产可以抵押：（七）法律、行政法规未禁止抵押的其他财产。"该规定一改过去《担保法》中"依法可以抵押的其他财产"为"法律、行政法规未禁止抵押的其他财产"，这样无需由法律明确规定出来哪些财产可以抵押，其意在凡是法律不禁止且具有流通性的财产均可在其上设立抵押权。此为"法无禁止即自由"理念的解读。但也有观点认为我国《物权法》对抵押物的范围采取反面排除的立法模式，是对"法无禁止即自由"的误解。抵押物范围法定，是保护第三人利益、维护交易安全的需要，具有很强的普适性。应当从体系的视角，对我国《物权法》抵押物的范围作出合理的解释。

笔者以为，《物权法》顺应市场经济与市民社会发展的需要对担保制度进行了改进与完善，根据新法优于旧法的原则，《担保法》与《物权法》冲突的规定应无效。依据《物权法》第一百八十条"以招标、拍卖、公开协商等方式取得的荒地等土地承包经营权可以抵押"和第一百八十四条"耕地、宅基地、自留地、自留山等集体所有的土地使用权不得抵押"的规定，农用地中的耕地承包经营权不得抵押，也就是说，目前集体林改中推行的以林地承包经营权抵押融资是有法律依据的，但耕地承包经营权抵押仍有非法的法律风险。这一规定考虑到大多数农村社区的耕地保障功能和林地的商品性质，但没有考虑不同区域农民对林地和耕地依赖度的差异，更重要的是，放开耕地承包经营权转让的同时禁止抵押的规定自相矛盾，因为通过拍卖、变卖土地承包经营权实现担保价值的抵押与转让的本质无异。

综上分析，《物权法》对农用地产权制度改革的贡献在于在坚持土地集体所有权性质基础上，建立了林地承包经营权的成员集体所有权、用益物权和担保物权的完整的物权结构，强化和保障了林地承包经营权这一产权的确定性、排他性和可转让性，为农用地的合理利用与有效配置提供现行宪政框架内最为有效的产权基础。

四、2019—2020年：集体林地产权法律体系

2019年12月28日，第十三届全国人民代表大会常务委员会第十五次会议修订《森林法》。《森林法》专章规定森林权属，首次在法律中专门规定林权制度。本章关于集体林权制度的规定是对家庭承包与三权分置集体林改成果的法律认可，构建了包括产权界定、产权交易与产权保护在内的林权法律体系。

在产权界定方面，修订后的《森林法》明确规定了所有权与初始产权的归属：森林资源归国家和集体所有（第十四条），依法实行承包经营的，承包方享有林地承包经营权和承包林地上的林木所有权（第十七条）；未实行承包经营的集体林地以及林地上的林木，由农村集体经济组织统一经营。经本集体经济组织成员的村民会议三分之二以上成员或者三分之二以上村民代表同意并公示，可以通过招标、拍卖、公开协商等方式依法流转林地经营权、林木所有权和使用权（第十八条）；农村居民在房前屋后、自留地、自留山种植的林木，归个人所有。集体或者个人承包国家所有和集体有的宜林荒山荒地荒滩营造的林木，归承包的集体或者个人所有（第二十条）。

在产权交易方面，修订后的《森林法》规定，承包方可以依法采取出租（转包）、入股、转让等方式流转林地经营权、林木所有权和使用权（第十七条），集体林地经营权流转应当签订书面合同。林地经营权流转合同一般包括流转双方的权利义务、流转期限、流转价款及支付方式、流转期限届满林地上的林木和固定生产设施的处置、违约责任等内容。

在产权保护方面，修订后的《森林法》明确规定，林地和林地上的森林、林木的所有权、使用权，由不动产登记机构统一登记造册，核发证书（第十五条），流转后，受让方违反法律规定或者合同约定造成森林、林木、林地严重毁坏的，发包方或者承包方有权收回林地经营权（第十九条），如依法被征收、征用林地、林木的，应当依照《土地管理法》等法律、行政法规的规定办理审批手续，并给予公平、合理的补偿（第二十一条），保障被征地农民原有生活水平不降低、长远生计有保障，具体来说，征收土地应当依法及时足额支付土地补偿费、安置补助费以及农村村民住宅、其他地上附着物和青苗等的补偿费用，并安排被征地农民的社会保障费用。征收农用地的土地补偿费、安置补助费标准由省、自治区、直辖市通过制定公布区片综合地价确定。制定区片综合地价应当综合考虑土地原用途、土地资源条件、土地产值、土地区位、土地供求关系、人口以及经济社会发展水平等因素，并至少每三年调整或者重新公布一次。县级以上地方人民政府应当将被征地农民纳入相应的养老等社会保障体系。被征地农民的社会保障费用主要用于符合条件的被征地农民的养老保险等社会保险缴费补贴（《土地管理法》第四十八条）。

除此之外，修订的《森林法》还规定了森林、林木、林地的所有者和使用者的产权边界为：依法保护和合理利用森林、林木、林地，不得非法改变林地用途和毁坏森林、林木、林地。

2020年5月28日，第十三届全国人民代表大会第三次会议通过了《民法典》，于2021年

1月1日开始施行。《民法典》不仅是新中国成立以来第一部以"法典"命名的法律,更是一部固根本、稳预期、利长远的基础性法律。《民法典》对《民法通则》《合同法》《农村土地承包法》《物权法》等改革开放后陆续制定的现行民事单行法律实施中出现的冲突、已不适应社会需要的内容进行增减、完善与整合,具备了一部法典应有的制度基础、实践基础、理论基础与社会基础。因此,《民法典》的制度位阶具有基础性、典范性的特点,即《民法典》为国家权力的行使划定了边界,任何政策与法律不得作出减损《民法典》规定的公民、法人和非法人组织权利或增加其义务的规定,出现与《民法典》冲突的规定时,应以《民法典》为准。也就是说,从2021年1月1日《民法典》开始施行起,伴随着集体林改历程的《民法通则》《物权法》等法律将废止,集体林权制度建设将有一部典范性规则赖以遵循。所以,关于集体林改的政策制定、立法以及政府行为不得与《民法典》冲突,对于与民法典规定和原则不一致的现行规定应该进行清理,未来得及清理的,在林权改革实践中以《民法典》为依据。可见,《民法典》为集体林改的政策制定、立法与政府行为提供典范性准则。《民法典》共7编1260条,其中总则、物权和合同这三编涉及集体林权界定、流转与保护,构成了集体林权基本法律准则体系。

(一)《民法典》为集体林权界定与保护提供了典范性准则

在《物权法》颁布之前,除有法律规定属于国有外,我国农村集体林地所有权分别属于村、村民小组或乡镇农民集体所有,但没有规定作为集体经济组织成员的农户拥有哪些产权,而将经营管理权给予村委会等农村基层组织。在计划经济体制下,这种规定导致农村集体产权既无力对抗政府的不当干预,也无法厘清成员间的产权边界,对内对外的非排他性成为其低效的制度根源。在市场经济体制下,上述规定成为集体成员对集体所有林地随意占有、村委会等农村基层组织任意处置集体林地的"合法"依据。2007年颁布的《物权法》,用"成员"替换了农民集体所有中的"农民"二字,给予农户承包集体林地的成员权,并赋予使用权、转让权和收益权在内兼具完备性与排他性的承包林地产权束,但在林权研究与林改实践中,非法学学者和基层干部很难厘清《物权法》与之前实施的《民法通则》《森林法》《农村土地承包法》《土地管理法》《担保法》等法律相关规定的差异,更不知道采取新法优于旧法的法律冲突适用规则选择《物权法》的规定,因而林业研究文献与地方政策中常常出现与《物权法》相悖的理解。随着《民法通则》《物权法》《担保法》《侵权责任法》的废止,《民法典》物权编关于林地所有权、林地承包经营权和林地经营权的规定将成为唯一典范解释:

1.《民法典》将农村集体林地所有权分割为决策权、承包权、代理权三个权利,分别配置给农民集体、农户和农村集体经济组织

《民法典》第二百六十一条明确规定"属于本集体成员集体所有",并列举出包括土地承包方案在内的由集体成员决定的事项。这一规定在法理上属于总有性质,即决策权属于团体,而使用权属于团体成员。农户承包集体林地是其成员权的法律要求,成员权属于身份权,所以即使农户将承包的林地经营权移转给其他自然人、法人或非法人组织,承包权仍归属农户。在厘清农民集体与个体产权边界后,《民法典》对农村集体经济组织的权限进行了界定:农村集体经济组织依法取得法人资格(第九十九条)、未设立村集体经济组织的,村民委员会可以依法代行村集体经济组织的职能(第一百零一条第二款)。农村集体经济组织或村民委员是农民集体的法定代理人,代表集体行使所有权(第二百六十二条)。法定代理的法理含义在于,农村集体经济组织或村民委员会的职责是保护农民集体及其成员的合法权益不受侵害,即使是代理人本身也不能侵犯被代理人权益,因此如果农村集体经济组织、村民委员会或者其负责人作出的决定侵害集体成员合法权益,受侵害的集体成员可以请求法院予以撤销(第二百六十五条第二款)。

2.《民法典》赋予林地承包经营权完备的权利体系和对世性的排他权

《民法典》物权编将包括林地在内的土地承包经营权规定为用益物权。农村集体经济组织成员承包集体林地,与农民集体形成承包合同关系,原属于债权关系,上升为用益物权后,意味着在承包期内林地承包经营权与所有权一样具有对世性的排他权,即承包集体林地的农户可以自主经营,也可以无须所有权人同意采取互换、转让、出租、入股或者其他方式向他人流转林地经营权(第三百三十四条、第三百三十九条);此外,农民还可以在自己经营的同时,以林地承包经营权抵押贷款。因用益物权可以对抗除包括所有权在内的任何人,所以所有权人不得干涉林地承包经营权人行使权利(第三百二十六条),不得调整和收回承包地(第三百三十六条、第三百三十七条)。

3. 将集体林地所有权、林地承包经营权与林地经营权分别配置给农民集体、集体成员、流入林地经营主体后,《民法典》进一步规定了产权保护措施,确定各种权利的排他性程度,主要分为物权保护和债权保护两种方式

物权保护措施包括不动产登记和物权救济。只有登记才能体现物权的对世性,即向世人宣告产权的唯一性,因此《民法典》规定,不动产登记簿是物权归属和内容的根据(第二百一十六条)。与集体林权相关的不动产登记有4种:

(1)登记机关应当向家庭承包取得的林地承包经营权人发放林权证,登记造册(第三百三十三条)。

(2)林地承包经营权采取互换、转让流转其林地经营权的当事人可以向登记机关申请登记(第三百三十五条),因为互换和转让是将某一或若干宗地整个承包期所有产权移转给其他自然人、法人或非法人组织,属于用益物权的移转。

(3)通过招标、拍卖、公开协商等方式承包集体林地的可以依法申请登记取得权属证书(第三百四十二条),因为法理上属于所有权人在自己的不动产上设立用益物权(第二百四十一条)。

(4)流转期限为五年以上土地经营权的,当事人可以向登记机构申请登记(第三百四十一条)。

租赁是典型的合同债权,本条款以五年为限,将租赁合同获得的土地经营权分为物权与债权,合理依据是长期合同相当于产权转移,但五年期限显然仅适用于耕地经营,并不适合租赁期限普遍长达20年以上的林地经营。

除采取登记方式进行对世性权利保护外,《民法典》进一步规定物权的救济方式,即当上述物权被侵犯时,物权人有权请求返还原物、恢复原状、排除妨碍或者消除危险(第二百三十五条、第二百三十七条、第二百三十六条),同时可以请求损害赔偿以及承担其他民事责任(第二百三十八条),显示出对物权最大程度地保护。

（二）《民法典》为集体林权流转与保护提供了典范性准则

1.《民法典》为集体林权流转合同效力提供了法律依据与救济途径

除少数的农户间林权流转外，集体林权流转实践中大多采用的是示范合同。从法理上分析，示范合同由格式条款与商定条款两部分构成。一般来说，格式条款是合同一方为了重复使用而预先拟定，并在订立合同时未与对方协商的条款（《民法典》第四百九十六条第一款）。在现代市场经济中，具有垄断地位的合同一方为简化与众多消费者谈判过程，降低交易成本，预先制定格式条款，消费者要么接受要么拒绝，而没有经过要约—承诺的谈判过程。显然，格式条款有利于快速达成交易，但也存在对另一方不公平的可能。林改实践中的示范合同大部分条款属于格式条款。为防止格式条款可能出现的不公平情形，首先，要求提供示范合同的林业主管部门遵循公平原则确定流转双方的权利义务，采取合理的方式提示对双方有重大利害关系的条款并予以说明（第四百九十六条第二款）；其次，如果合同存在不合理地免除或者减轻一方责任、加重另一方责任或排除、限制另一方主要权利的条款，这些条款无效（第四百九十七条）；再者，如果格式条款存在合理的多种理解，应结合协商条款确定其含义（第四百九十八条）。与格式条款不同，商定条款一般经过要约—承诺谈判过程，基本反映了流转双方的真实意思，但也不排除因信息不对称导致的违背合同一方真实意思的情况，如流出方事后发现流转价格过低、流入方经营收益预期过高等，极易造成合同一方违约或流转纠纷。此时，合同是否有效是采取何种救济方式的依据之一。林权流转实践中存在合同无效的风险，如集体经济组织或村民委员会在没有经三分之二以上村民大会成员或村民代表同意将集体林地流转给其他自然人、法人或非法人组织，且流入方知道或应当知道的，属于超越权限订立的合同，无效（第五百零四条）。再如，由地方政府或林业部门介入，流转价格或经营收益存在重大误解或显示公平时，受损害方有权请求法院或者仲裁结构予以撤销（第一百四十七条、第一百四十九条）。合同一旦被法院或仲裁机构确定为无效或被撤销，流入的林地有可能返还给原产权人，不能返还的，应当折价补偿。如无效或被撤销由合同一方的过错造成的，有过错一方赔偿对方由此受到的损失，双方有过错的，各自承担（第一百五十七条）。除合同被依法确认为无效或被撤销外，任何一方违约，包括不履行合同义务或者履行合同义务不符合约定时都应承担继续履行、采取补救措施或者赔偿损失等违约责任（第五百七十七条）。

2.《民法典》为集体林权流转双方权利提供了法律依据与救济途径

无论是法律规定还是流转实践，林权流转方式一般包括互换、转让、出租、入股等几种，其中入股涉及不同性质的组织，适用其他的法律。互换与转让都是将承包林地整个承包期的经营权移转给他人，区别仅在前者的流转双方属于同一集体经济组织，适用买卖合同规则，出租是将部分承包期经营权移转给他人，适用租赁合同规则。《民法典》合同编将买卖合同和租赁合同作为典型合同对双方权利义务进行了详尽规定。

林权流转实践中，将林地整个承包期经营权流转给他人的现象不多，更为普遍的是将部分承包期经营权流转给他人，即租赁合同较多，会出现流入方在经营中遇到非合同方主张林地产权、以及流入方未能按期支付价款等现象。非合同方主张林地产权往往由不同时期的权属证书以及林权证发放工作粗放造成的，理论上可以通过司法途径解决，但考虑司法成本，流入方有时会选择支付非合同方价款或租金的方式息事宁人。对此，《民法典》提供了更多的救济途径：因第三人主张权利致使承租人不能对租赁物使用、收益的，承租人可以请求减少租金或者不支付租金（第七百二十三条）；除流入方订立合同时知道或应当知道非合同方有权主张的外（第六百一十三条），在流出方未能提供适当担保时中止支付价款或租金的权利（第六百一十四条）。至于流入方未能按期支付价款的情况，流出方可以进行催告，在合理期内流入方仍未支付价款或租金的，流出方可以解除合同，收回林地承包经营权（第六百三十四条、第六百四十二条）。

  在大量的林权租赁合同中，租金成为流转双方争议的焦点。一般来说，在信息基本对称的情况下，合同双方会根据合同期限与租金支付方式约定双方共享收益与分担风险机制。对于期限较短的合同，固定租金是双方均易接受的方式，而对于期限较长的合同，收益分成是利润与风险共担的选择。但由于对经营收益的监督成本较高，往往令出租方对收益分成方式望而却步，最终还是选择较高的租金。但如果合同期限过长，很容易发生因价格波动的违约现象，而且期限过长相当于产权转移，不符合租赁合同的债权性质。因此，各国《合同法》对租赁合同期限都做了上限规定，对于超过上限的租赁合同，法律允许合同一方将合同期限缩短到上限的年限。我国《民法典》同样规定，租赁期限不得超过二十年，超过部分无效（第七百零五条第一款）。根据林地经营周期，一般林地租赁合同均在20年以上，若按此规定，几乎所有的林权流转合同都存在期限突破法律上限的问题，貌似可以补救的第七百零五条第二款关于续订的规定可能会因"租赁期限届满"的要求阻碍林权流转协议达。

  与林业三定相比，2008年开始在全国范围内实施的集体林改具有生命力和持续性，其中以承包到户为主的主体改革，符合《民法典》关于集体林地所有权和林地承包经营权的要求，以流转、抵押、合作为内容的配套改革的法律性质为成员权与经营权的分离，走在耕地三权分置改革之前。《民法典》的颁布与施行将进一步规范集体林改，为健全与稳定包括法律与政策在内的集体林权制度体系提供基础性、典范性依据。

集体林改的法理分析

  法理，法律制度的理论逻辑，产权制度的理论逻辑是产权理论。产权理论是新制度经济学或法经济学的核心理论，新制度经济学的所有理论都是产权理论或为分析产权服务的。因为，具有排他性、可交易性和可分割性的产权制度这一工具可以发挥激励与制约、外部性内化功能，进而实现资源优化配置的目的。

  首先，产权理论揭示了现实市场经济的实质是产权界定与交易。因为，新古典经济学理论仅适用于交易成本为零的理想状态，现实世界存在交易成本，那么，只有降低交易成本，市场这一"无形之手"才能在现实中起到资源优化配置作用。降低交易成本的第一步就是对原本无主的稀缺资源进行初始产权界定，最大程度实现外部效应的内部化，以提供经济理性人的行动动力。当然，只有当产权界定收益大于界定成本时，产权界定才有可能与意义，当产权界定的成本高于界定收益，人们便会维持原有的"公共领域"状态。随着资源价值、技术更新、新市场形成以及人类需求的变化，原有的产权会不断分割，新的产权就会形成，进而逐渐形成权利束（an open-ended bundle of rights），产权主体拥有的权利束是否涵盖"使用权、转让权和收益权"影响其产权的完备性,特别是转让权的大小直接关系到产权主体能否根据自己的效用函数自由行使产权,包括产权交易,而交易费用决定了市场经济运行与资源配置的效率。交易费用包括搜寻信息、谈判与决策的事前成本以及执行与监督成本等事后成本。市场主体间信息不对称以及识别与处理信息成本的差异容易导致市场失灵,产生不完全契约,形成垄断现象,因此,需要建立产权规则实现完备合约,当达成完备合约的成本过高时,企业便成为市场的替代品,企业内部与外部产权安排与交易规则也是市场经济的组成部分。

其次,产权理论重点研究产权界定、交易以及保护的效率规则。低交易成本情形下,产权界定与交易主要靠风俗习惯、文化传统等非正式制度执行成本低且效果好,即使在产权被侵犯时,也可以用讨价还价与协商的方法实现帕累托最优。但在高交易成本的现代社会大部分活动中,相对于非正式制度,政策与法律等正式制度是高效的界定与保护产权的方式,两者相比,完备的法律比政策更具稳定性、确定性和执行力,产权保护的效率更高,当然,不完备的法律也会增加不确定性和交易成本。同样,在产权被侵犯时只有公权力才能有效保护产权,而政府管制因普遍存在信息不对称与管制俘获现象而低效,因此,法庭机制成为现代社会产权保护最有效率的方式,因为法庭只有在收到诉讼请求之时才会介入,从源头上解决了政府管制俘获问题,由此增加的社会整体福利可以抵销受害者与加害者对簿公堂的成本。贝克和波斯纳所得出的法庭机制高效是建立在法律完备的前提下。否则,同样会由于信息不对称、管制俘获等造成规则低效。因此,在产权界定、交易与保护的制度设计与实施中,需要比较不同规则对人的行为、经济增长以及资源配置的效率,将优化的规则上升为法律。

因此,一个完整的产权制度由产权界定、产权交易与产权保护三部分构成。

一、产权界定的法理分析

最初始的产权是所有权,随着资源价值、技术更新、新市场形成以及人类需求的变化,所有权不断被分割成若干个新产权,形成权利束。那么,这些产权配置给谁?产权主体因此拥有的权利束是否涵盖"使用权、转让权和收益权"以及权利的排他性程度等直接影响资源配置效率。

首先,排他性是产权的基本属性之一,因而产权的排他性程度直接影响产权效率。人民公社体制下,"政社合一"的人民公社管理体制理所当然地将"三级所有,队为基础"的生产活动纳入全社会的计划体制内,而公社体制内部,长期实行的集体劳动、统一经营的生产组织方式和工分制计酬分配方式直接导致和强化成员间的外部性,偷懒、"搭便车"成为社员的理性选择。家庭承包经营制就是通过包干到户、包产到户等方式确立农村集体经济组织成员间的产权排他性,以此激发农民农业生产积极性。市场经济体制下,仍然延续集体所有集体经营模式的农村林地产权的非排他性体现为各种权力与市场强势主体对集体所有山林资源的索取:村委会的泛行政化无法完全将集体林独立于国有林,也就无法对抗地方政府和林业部门对林业剩余权的索取;由村民委员会等农村基层组织经营管理的立法赋予了村干部对集体林的处置权,为村干部提供了弥补村财政漏洞、应付各类摊派甚至中饱私囊的制度依据。理论上属于农民集体所有的山林资源逐步被国有林场、地方政府和部门、商人、大户所拥有或享有,而作为集体经济组织成员的农民直接收入几乎为零,集体山林的可采资源显著下降、盗伐滥伐屡禁不止。

其次,通过家庭承包方式将农村山林初始产权在集体成员间进行平等分配,以户为单位的农民因此获得具有排他性的土地承包经营权,并通过制度建设逐步增强其排他性。

虽然20世纪80～90年代,《民法通则》《农业法》《土地管理法》对家庭承包经营权有了规定,家庭承包经营制度也获得了宪法地位。但在实践中,土地承包经营权的排他性主要由政策赋予,政策制定的多变性和执行的随意性导致其无法通过法律途径对抗村委会随时调整或收回承包地等行为,2003年实施的《农村土地承包法》通过债权设计赋予承包权人对抗发包方的权利:发包方必须按照承包合同履行义务,未经承包人同意不得调整或收回承包地,否则承担违约责任。但《农村土地承包法》赋予的排他性只能对抗发包方,难以对抗发包方以外第三人侵权,如对地方政府征占用土地、强行摊派、农业或林业部门对经营权的干涉等行为。与债权的"对人性"相比,物权的排他性被形象地称为"对世权",意味着一旦某种产权被法律确定为物权,该产权的"完备性"与"排他性"最为彻底:物权人可以不借助于任何人的行为按照自己的意愿自由支配财产,该权利对抗除自己以外的任何人,当物权被侵犯时,物权人有权要求恢复物权完备状态,因此遭受的损失依法获得赔偿。2007年生效的《物权法》,一方面通过农用地成员集体所有权的规定保证了农村土地公有制性质不变,避免长期纠结在"到底谁是所有权主体"这样的问题上,另一方面,通过农用地成员集体所有权、土地承包经营权用益物权和担保物权的规定,赋予了集体成员平等、对抗包括所有权人在内任何人、具有完备物权权能的土地承包经营权。因此,《物权法》对农用地产权制度的首要贡献在于,通过物权的对世性安排赋予和保障农用地产权最为彻底、完备的排他性,为解决我国农用地产权困境提供有效路径。可见,我国农村山林初始产权经过由政策产权到法律产权,由法律上的债权到物权的发展过程。

2008年,《中共中央国务院关于全面推进集体林权制度改革的意见》遵循《物权法》关于农地物权结构的制度设计,要求将集体林地承包到户,并赋予家庭承包的林地经营权拥有流转与抵押等用益物权性质。在此基础上,2016年《国务院办公厅关于完善集体林权制度的意见》和2018年《国家林业和草原局关于进一步放活集体林经营权的意见》提出集体林地三权分置改革,体现了《物权法》关于家庭承包取得的林地承包经营权兼具成员权与用益物权的性质,即作为农村集体经济组织成员的农户拥有长久不变的林地承包经营权,在承包期内,承包户既可以自己经营,也可以将经营权流转给其他主体经营,保留由成员集体所有权性质派生的成员权(承包权),还可以在自己经营的同时以林地经营权抵押贷款。2019年《森林法》将这一产权结构纳入森林权属一章,2020年,《民法典》更将这一产权结构的制度位级提高到典范性地位。

通过对上述政策与法律的梳理,运用产权理论分析发现,集体林产权改革的制度设计构建了具有完备性的林权结构,但这一林权结构的排他性受制于其林地拥有权的物权或债权性质以及获取采伐指标的难易程度(表3-1)。

表 3-1　制度设计：农户产权结构

林权结构	林权束	林权特征
使用权	林地拥有权	◆基于成员所有权的自留山永久自营权 ◆具备成员权和用益物权双重性质的家庭林地承包经营权 ◆以其他方式获得的债权性质的林地承包经营权 ◆林改后流入的林地，分物权和债权两种
使用权	林种选择权	◆有条件地进入和退出公益林 ◆有权选择经营用材林、经济林、薪炭林等
使用权	林木采伐权	◆自主采伐非林业用地上的林木 ◆获得采伐指标后采伐林业用地上的林木
处置权	流转权	◆有权自主决定是否流转 ◆有权选择流转方式，但公益林不得转让 ◆有权选择资产评估和林权变更登记 ◆不得改变林地用途且不超承包的剩余期限
处置权	合作权	◆有权选择是否合作经营及合作经营形式 ◆合作经营农户享有合作经营事务管理权，并有权向合作组织主张收益分配请求权及提供服务请求权 ◆合作社成员享有财政和信贷支持、税费优惠
处置权	抵押权	◆有权抵押商品林，但贷款资金需用于林业生产 ◆贷款期限应与林业生产周期一致，最长 10 年并不超过林地使用权的剩余期限 ◆贷款利率低于一般信用贷款利率
收益权	市场开放程度	◆交易价格由买卖双方协商确定
收益权	林业税费	◆农户需要缴纳育林基金、森林植被恢复费
收益权	林业补贴	◆农户有权获得造林补贴，但造林面积不得低于 1 亩 ◆农户有权获得抚育补贴，但一级公益林除外 ◆农户有权获得公益林管护补助

二、产权交易的法理分析

产权可交易性是产权的本质特征，即只有通过产权交易才能实现资源有效配置、使外部性内化。应该说，不允许交易的产权并不具有财产性质。契约或合同是现代市场中最普遍的基本交易方式之一，是交易双方以较低的交易成本实现各自经济目标的有效途径。完全合同仅是一种理想合同，不完全合同才是实际交易中的常态。而不完全合同产生的主要原因是交易市场环境的不完全竞争性和缔约各方的有限理性。因双方信息、财力以及其他社会资源占有的差异，资源占有处于劣势的合同方在信息获取、谈判、缔约、履约、利益损益以及解决合同纠纷等一系列行为过程中，往往比资源占有优势方付出更大的成本。因此，要实现合同有效配置资源的特性，国家和政府应该从合同订立到履行以及违约救济全过程提供减少合同双方交易成本、保证双方自由、公平、健康竞争的制度环境。

集体林权流转制度即产权交易制度，按照初始产权类型，主要是农村集体经济组织、家庭承包户与其他方式承包户。农村集体经济组织流转的是集体山林，产权属于成员集体所有，因此，集体统一经营的林权流转应当事先经本集体经济组织成员的村民会议三分之二以上成员或者三分之二以上村民代表的同意。在同等条件下，本集体经济组织成员享有优先权，流转获得的收益，纳入农村集体财产统一管理，用于分配或社会保障、新农村建设等公益事业。家庭土地承包经营权流转为用益物权的法律处分——物权变更，其他方式土地承包经营权流转则为债权的法律处分——债的移转。

依法理，用益物权的法律处分包括移转权利和设定负担，前者为用益物权的转移，后者并不转移用益物权，而是在用益物权上设定租赁、抵押等权利。

(一) 移转家庭林地承包经营权

包括为互换、转让、入股、合作等方式。而移转的客体既包括全部权利、部分权利的永久移转，也包括全部权利和部分权利在一定时期内的移转。

1. 转让、互换

互换和转让的共同法律特征是由家庭林地承包经营权主体在承包期内将林地承包经营权部分或全部地转移给流入方，不再享有土地承包经营权，即原承包关系自行终止。两者的区别仅在于互换的对象是同一集体经济组织的农用地。转让是由该农户同发包方确立新的承包关系，原承包方与发包方在该土地上的承包关系即行终止，即属于物权变动，且需要进行变更登记；而互换是指承包方之间为方便耕种或者各自需要，对属于同一集体经济组织的土地承包经营权进行交换。因此，互换的本质就是特殊的转让土地承包经营权的行为，但缩小了流转的范围，仅限集体经济组织内部，主要为了达到便利耕作、避免农地的过分细碎化的效果。

2. 入股、合伙

《农村土地承包法》第四十二条规定，承包方之间为发展农业经济，可以自愿联合将土地承包经营权入股，从事农业合作生产。可见，该条款将入股性质定义为合作或合伙。此外，目前政策允许的林地承包经营权入股还包括向公司、合作社投资入股。譬如《农村土地承包经营权流转管理办法》第三十五条规定，入股是指实行家庭承包方式的承包方之间为发展农业经济，将土地承包经营权作为股权，自愿联合从事农业合作生产经营；其他承包方式的承包方将土地承包经营权量化为股权，入股组成股份公司或者合作社等，从事农业生产经营。

(二) 在家庭林地承包经营权上设定负担

在家庭林地承包经营权上设定负担包括出租、转包和抵押等。其共同的法律特征是原土地承包关系不变。

1. 出租、转包

出租和转包均指流出方将部分或全部土地承包经营权以一定期限转给第三方，原土地承包关系不变，原承包方继续履行原土地承包合同规定的权利和义务。二者的区别在于转包适用于同一集体经济组织内部。

2. 抵押

关于土地承包经营权抵押，《担保法》和《物权法》对其合法性问题有不同规定，《担保法》第三十四条列举了可以抵押的财产范围，未涉及土地承包经营权，而且规定只有法律明确可以抵押的才能抵押；《物权法》第一百八十条规定，以招标、拍卖、公开协商等方式取得的荒地等土地承包经营权可以抵押，并且法律未禁止的都可以抵押，第一百八十四条规定，耕地、宅基地、自留地、自留山等集体所有的土地使用权不得抵押。显然，《物权法》

顺应了市场经济和社会发展的需要，并且根据新法优于旧法原则，应该适用《物权法》的规定。由于林地承包经营权没有被禁止，所以林地承包经营权抵押具有合法性。然而，《物权法》关于耕地土地承包经营权不得抵押与允许耕地土地承包经营权流转的规定自相矛盾。因为通过拍卖、变卖土地承包经营权实现担保价值的抵押与转让的本质相同，所以土地承包经营权应该可以抵押。

关于其他方式土地承包经营权流转，《农村土地承包法》第四十九条规定，其他方式土地承包经营权可以依法采取转让、出租、入股、抵押或者其他方式流转。可见，除互换、转包主体的身份限制外，其他方式土地承包经营权与家庭土地承包经营权具有相同的流转方式，但法律性质不同，家庭土地承包经营权流转方式的本质是对用益物权的处分，而其他方式土地承包经营权流转方式是对债权债务的处分，因此必须经过发包人同意，具体体现为事先经本集体经济组织成员的村民会议2/3以上成员或者2/3以上村民代表的同意。为防止集体土地流失和保障农民成员权，还应赋予本集体经济组织成员的优先受让权。

流转双方的权利义务一般通过要约和承诺的过程进行讨价还价后约定条款，但集体林权流转合同在法理上属于示范合同。示范合同具有示范性，目的在于指引、辅导当事人签订合同，同时也是非强制性的，当事人可以参照使用也可以不参照，即订立合同时双方可以协商修改，但实践中，示范合同内有不少格式条款，甚至形式上是示范合同，但实质上是格式合同。所谓格式条款，是指当事人为了重复使用而预先拟定，并在订立合同时未与对方协商的条款。可见，格式条款具有"重复使用""预先拟定"和"未经协商"等特点，其一，"重复使用"意味着格式合同的广泛性和持续性，接受合同一方不是特定的合同相对人，而是不特定的人，而且一定时期内内容条款不会发生改变。其二，"预先拟定"反映了格式合同的利益趋向，合同制定者一般是经济或社会地位高的企业或政府，可能会制定出损害或者不利于另一方的条款，侵害合同另一方的权利。其三，"未经协商"表明合同另一方的被迫性，由于合同地位的差距，合同对方只能要么接受条款要么拒绝，而不是协商修改。调研发现，在普通农户与木材商、公司签订的流转合同中，普遍存在农户因信息以及其他社会资源的占有劣势在合同内容上处于明显不利地位，而另一方则常常利用合同套牢效应强化农户的受损程度的现象。相对于资本、信息、谈判能力等方面均强势的流入方（营林大户、木材商和企业等）而言，普通农户具有天然的弱势地位。正因为格式条款具有强制性，且通常是由具有垄断和优势地位的一方制定，所以基于公平视角，可以通过格式条款、情势变更等制度对合同另一方予以保护，通过制度设计将格式条款提供者的外部性内化：首先，采用格式条款订立合同的，提供格式条款的一方应当遵循公平原则确定当事人之间的权利和义务，并采取合理的方式提示对方注意免除或者减轻其责任等与对方有重大利害关系的条款，按照对方的要求，对该条款予以说明。提供格式条款的一方未履行提示或者说明义务，致使对方没有注意或者理解与其有重大利害关系的条款的，对方可以主张该条款不成为合同的内容（《民法典》第四百九十六条）。其次，如果提供格式条款一方不合理地免除或者减轻其责任、加重对方责任、限制对方主要权利，排除对方主要权利，这些条款无效（《民法典》第四百九十七条）。最后，如果对格式条款的理解发生争议的，应当按照通常理解予以解释。对格式条款有两种以上解释的，应当作出不利于提供格式条款一方的解释。格式条款和非格式条款不一致的，应当采用非格式条款（《民法典》第四百九十八条）。

深化集体林改的思考与建议

2007年，党的十七大报告首次提出建设生态文明；2017年10月18日，党的十九大报告中提出乡村振兴战略。生态文明与乡村振兴是未来较长时期内的国家战略，直接涉及集体林业的发展。而生存环境恶化促使社会大众甚至部门政府官员、学者主张或倾向保护森林等于禁用，公益林、天然商品林以及自然保护地的限制利用制约着集体林业的发展，如何通过完善产权制度体系将集体林业困境转变为机遇应该是新时代深化集体林改的目标。

第一，乡村林业是乡村基础与关键。全国而言，山区面积占国土总面积的69%，森林面积占山区总面积90%。山区不振兴，林业不发展，乡村振兴无从谈起。乡村振兴战略提出的"产业兴旺、生态宜居、乡村文明、治理有效、生活富裕"要求，有内在的逻辑关系，即通过有效的治理根据当地的资源情况发展绿色产业，实现生态宜居、生活富裕目标，最终达到乡村文明。而森林是山水林田湖草生态系统的主要构成，林业是最大的绿色产业，是产业兴旺的基础，2008年家庭承包集体林改以及三权分置政策的实施，使得山林成为农民财产的载体，而且，发达国家同样经过城市化—乡村振兴的道路，乡村发展与林业紧密相连。

第二，森林生态产品价值与生态补偿机制是集体林业发展机遇。2021年4月26日，中共中央办公厅、国务院办公厅印发《关于建立健全生态产品价值实现机制的意见》，9月12日，中共中央办公厅、国务院办公厅印发《关于深化生态保护补偿制度改革的意见》，9月22日，中共中央、国务院出台《关于完整准确全面贯彻新发展理念 做好碳达峰碳中和工作的意见》，三个文件将生态文明建设落到实处，为集体林业转型发展提供了政策保障。

根据公共品和外部性理论，对于森林生态公共品（如森林碳汇）应由政府提供，其他组织与个人提供森林生态公共品，应该通过生态补偿机制将外溢的生态效益内化给提供者享有。对于森林准生态公共品（如涵养水源）可以由政府和市场共同分担。也就是说，除中央和地方财政安排资金用于森林生态产品的供给外，森林生态产品的供给者和建设者均应得到生态补偿，而生态补偿机制的关键是受偿主体与补偿标准的确定。森林生态产品价值的估算为生态补偿标准提供量化标准，但因采取的估算方法不同，估算的结果大相径庭。IPCC定义森林碳汇涵盖五大碳库包括地上生物量、地下生物量、枯落物、枯死木和土壤碳库。然而当前大部分林业管理部门对于森林质量的考核仍然停留在以森林覆盖率和蓄积量（树干生物物质体积）两个指标为主的传统林业考核指标上，忽略了乔木其他器官及下层、林下植被、土壤碳库等其他碳库的维护与碳汇能力提升。而业已建立的集体林产权体系则为森林生态补偿主体界定提供了制度基础，深化集体林改可以将森林碳汇权赋予非国有林的产权人，通过政府和市场机制实现森林生态效益的内化。

也就是说，乡村振兴战略与生态文明建设是新时代集体林业发展的机遇，在此背景下，深化集体林改应着力于林业振兴乡村与生态补偿机制。一方面，进一步完善各种林权主体的权益保护，另一方面将森林碳权纳入林权体系，通过政府和市场机制真正实现森林生态效益的激励作用。

综上分析，改革开放后的林业三定与市场化改革促使全国实施家庭承包集体林改，三权分置改革构建了山林产权界定与产权交易的现代产权体系，《农村土地承包法》与《物权法》则给予产权保护的法律保障。乡村振兴战略与生态文明建设要求拓宽产权束，加强各林权主体的权益保护，2021年1月1日刚实施的《民法典》为深化集体林改提供了典范性准则。

新一轮集体林改及配套改革对我国林产品进口贸易的影响

2021 集体林权制度改革监测报告

研究背景和框架

近年来，随着我国经济的快速发展，国内木材的供给逐渐满足不了日益增长的需求，进口木材成为缓解木材供需矛盾的主要手段之一。考虑到过于依赖国外木材的进口不利于我国的木材贸易安全，提升我国的木材供给能力就成为当务之急。为了更好地促进森林资源的可持续经营和提升国内木材供给能力，2003年，我国开始进行新一轮集体林改的试点，并在2008年向全国铺开。自此次集体林改实施以来，我国的森林资源开始呈稳步上升的趋势，尤其是以商品材生产为主的人工林面积也呈快速增长的趋势。目前，集体林地面积占全国林业用地面积的比重维持在60%左右，根据第九次全国森林资源清查结果，集体林地面积、活立木蓄积量、林分面积和林分蓄积量分别占全国的62.08%、42.82%、58.35%和40.96%，集体生态公益林面积占全国生态公益林面积的比重为47.83%。在全部国有林和集体天然林陆续退出木材生产的背景下，集体林尤其是人工林将成为我国木材供给的主渠道，目前集体林区商品材产量、经济林产值和林业产业产值均占全国的80%以上。但长期以来，我国集体林存在生产力水平偏低和对农民生计贡献不高等问题，如何实现集体林面积和蓄积量双增，进而实现提升以及增强木材供给水平成为关键所在。

因此，本研究建立了集体林改及配套改革对我国林产品进口贸易影响的理论分析框架，归纳总结改革开放以来的集体林改政策和我国林产品国际贸易政策尤其是木材进口政策的发展演化，充分考虑社会经济、市场和林业经营主体等多种因素的基础上，分析了新一轮集体林改及相关政策对森林资源的影响、对木材供给的影响，并进而分析了新一轮集体林改及配套改革对我国林产品进口贸易的影响。

一、研究意义

改革开放以来，我国启动了林业三定和新一轮集体林改等多次改革，出台了相关政策措施，旨在实现集体林面积和蓄积量双增以及改善农户生计，促进美丽乡村建设。2003年《中共中央 国务院关于加快林业发展的决定》提出推进新一轮集体林改和相关改革。同年，福建省启动了新一轮集体林改。2008年，中共中央、国务院出台了《关于全面推进集体林权制度改革的意见》以后，除上海市和西藏自治区以外，全面推行新一轮集体林改；2009年，在完成新一轮集体林确权以后，陆续启动了森林保险、林权抵押贷款、造林与森林抚育补贴以及木材采伐限额等配套改革。2014年，中共中央、国务院印发《关于全面深化农村改革加快推进农业现代化的若干意见》提出推行农村土地"三权"分置的新政；2017年，中共中央办公厅、国务院办公厅印发了《关于加快构建政策体系培育新型农业经营主体的意见》；2018年，国家林业和草原局出台的《关于进一步放活集体林经营权的意见》提出，加快推行集体林地"三权"分置机制，鼓励集体林权流转和培育新型经营主体。2003年以来，集体林改及相关配套改革是中共中央、国务院每年的"一号文件"重点关注政策领域之一。截至2018年年底，我国集体林地确权面积26.96亿亩，占集体林地总面积的94.46%；林权流转日益规范；年末实有林地经营权流转面积1.98亿亩，占确权面积的7.38%；全国林业专业大户、家庭林场、林业合作社和林业企业四类新型林业主体数量达到27.87万个，经营面积3.43亿亩。

在集体林确权和实施相关政策的基础上，规范集体林权流转，培育林业新型经营主体，调动集体林经营主体的生产积极性；集体林地生产力有所提升，可能增加集体林商品材的供给量，影响到国内木材供给、对国外木材的需求和国际市场价格，进而影响我国木材等林产品对外贸易的总量与结构。林产品国际贸易是我国国际贸易的一个组成部分，尽管比重不大，但对国内林产品市场和消费倾向以及对产业和市场的发展，特别是林业发展有着十分重要的影响。我国一直在实行鼓励林产品进口的政策，林产品进口贸易在满足国内市场需求、优化林木资源配置、促进我国进出口贸易发展等方面起到了积极作用。我国林产品贸易政策不仅直接影响我国林产品对外贸易，而且影响到国际林产品贸易格局；国际林业产业和森林资源受到了国际分工的约束和影响，林产品国际贸易和竞争也已形成以林产品链为纽带的全球价值链，未来全球林业产业和林业资源的竞争将在全球价值链上展开。

我国的森林资源具有一定的稀缺性，其稀缺性促使我国的林业产权进行一定的变革。根据制度经济学的观点，通过界定产权及其相关的权利能够激励个人行为，从而实现社会资源的有效配置。林权改革将林权下放到林农的手里，稳定而清晰的产权使得林农投入更多的劳动力与资本来进行造林从而获得利益。2003年以来的新一轮林改，试图通过给予林农更加稳定的产权从而增加林农的造林意愿，那么通过林改提升的木材供给能否有效地增加我国木材产量，缓解我国木材供需压力就是本研究的重点。验证集体林改制度是否能够提升国内木材供给从而减少我国对国外木材的依赖性，能为我国国内林业政策影响木材进口贸易提供一定的借鉴意义，为政府如何进一步深化林改，在保障木材进口安全方面提供一定的措施提出建议。研究集体林改及相关政策与国际林产品贸易的关系具有重要的现实和政策价值，统筹考虑国内林业改革与国际贸易动态变化，更好地把握发展态势，从更为宏大的视域，认识和理解林业改革与开放之间的关系，尤其是中美等双边和多边国际贸易摩擦增多增强和贸易单边主义抬头的背景下，开展本研究具有更为重要的现实与决策参考价值。

二、研究框架

在我国林地确权取得成效后，集体林改可以通过激励作用优化我国的森林资源，如森林蓄积量、森林面积、人工林面积。当森林资源提升后，林农会出于获得利益的目的进行森林砍伐，从而提高我国的木材产出，提升木材的供给能力。已有学者通过不同角度发现集体林改对我国的木材供给产生了积极的影响。我国对木材的需求由国内木材供给和国外木材进口共同满足。当国内木材供给能力得到提升时，我国的木材供需矛盾能够得到一定的缓解，从而抑制我国过快的国外进口木材需求。值得注意的是，由集体林所增加的国内木材供给可以体现在森林蓄积量、木材产量、人工林面积、森林砍伐率等方面。因而，在研究集体林改对木材产出的影响基础上，可以进一步研究我国木材产出变化对林产品进口贸易的影响（图4-1）。

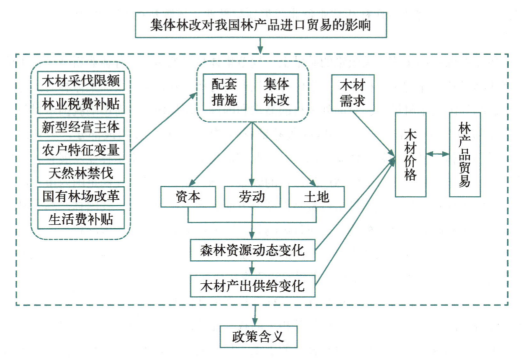

图 4-1　集体林改对林产品进口贸易的影响机制

新一轮集体林改对我国森林资源的影响

一、新一轮集体林改相关政策及进展

新中国成立到改革开放前，党中央在土地改革时期、农业合作化时期、人民公社运动时期等不同阶段，对于集体林经营的问题上，出台分林分山到户、山林入社、山林划分三级所有等政策，进行了大量探索与实践，呈现出"家庭—集体"的发展模式。自改革开放以来，我国林业产权制度取得了迅速的发展。主要历经三个阶段，第一个阶段是1981—1987年的林业政策三定时期，在土地联产承包责任制成功实施的基础上，集体林区也开始不断探索，实行林权制度改革。第二个阶段是1988—2003年的集体林产权制度改革过渡期，在此阶段，为了应对1987年全国范围内出现的大规模乱砍滥发现象，国家收回自留山和责任山，重新在全国范围内探索集体林经营模式。

经过前两个阶段的不断探索与改革，我国集体林区得到了迅速发展，但是仍存在林业产权不明晰、经营管理不善、生产效率低下、林地投资力度小、利益分配混乱、农民收益水平低等问题，严重制约了农民生活收入水平的提高，加剧了城乡发展的不平衡。在此背景下，为进一步提高林农的生产投入积极性、改善我国生态环境，实现森林资源的永续增长，我国自2003年开始第三个阶段，实行新一轮集体林改。我国在实行集体林改主体政策之后，相继又出台了完善林木采伐管理制度、规范林地林木流转、建立集体林业发展的公共财政制度、推进林业投融资改革以及加强林业社会化服务等配套措施，以期最大限度挖掘林业生产力。

截至2019年年底，新一轮集体林改主体改革基本上已经完成，公益林与商品林管理、森林保险、林木采伐限额管理、林权抵押贷款、造林、抚育、林木良种等多项补贴在内的各项配套改革也在全国范围全面铺开，并且取得了一定进展。全国确权集体林地面积1.80亿亩，约占各地区纳入集体林改面积98.97%，已发证面积累积达到1.76亿亩。

二、集体林改及相关政策对森林资源影响的理论和实证分析

（一）理论机制和研究假设

制度变迁指的是在现有制度安排下难以获得更多的利益，若改变现有的制度安排，就能获得在原有制度下不可能得到的利益。而集体林改就是林业产权制度的一次制度创新，是制度需求与制度供给共同催生的一次林业产权的巨大制度变迁。在经济世界里，产权作为基本的游戏规则，它的界定是否明晰对资源的高效配置绩效起着决定性作用。林权和产权相同，同样也是权利束。包括森林、林木和林地所有权及使用权和林地承包经营权等，它体现的是界定在林业领域里的财产权属关系。但是在林改前，由于林木经营的长期性与林权政策的变化，这些权利无法得到清晰的界定。新一轮集体林改，基本实现了分林到户的既定目标，随着"确权发证"工作的完成，不仅使林地产权的完整性与安全性的进一步强化，同时还加强了农户对产权稳定性的认识，进而提高其林地投入水平。

随着我国经济水平的快速发展以及国家在农业方面的资金和政策支持，特别是通过集体林改，国家实施的一系列配套政策后，农户作为森林经营的主体，其行为受经济理性支配而必然追求经济利益最大化。因此，本研究分析林农林业生产经营行为以"理性经济人"假说作为理论基础。

基于以上理论基础，本研究分析得出以下理论机制：

1. 新一轮集体林改对森林资源的影响

作为一项新的制度安排，新一轮集体林改在保持集体林地所有权不变的前提下，分林到户，将林地经营权交给农民，不仅明确了农户作为林地的生产经营主体地位，还使其获得了稳定的土地产权和对林木的各项权利。

根据产权经济学理论，土地产权包含所有权、使用权、收益权和处置权等权利束以及各项权利束的稳定性或安全性。产权完整性主要指产权所包含权利束的数量及每项权利的完整程度，表征着权利或收益的范围和强度，对产权人的投资激励称为"收益效应"。当产权不完整即产权所包含的部分权利缺失或行使受限时，产权能够给权利主体带来的收益随之减少，间接降低产权对投资的激励。相反，赋予完整和自由行使的权利可通过增加资源可获取的收益而激励林地投资，进而促进林农加大森林经营规模。

而土地产权安全性则可分别通过保证效应、抵押效应和实现效应这三种途径作用于农户营林决策，进而反馈在森林面积上。首先就保证效应来说，安全性是指通过影响土地收益获取的稳定性而作用于投资激励，即安全土地产权可以通过保证投资者的收益不被政府、个人或其他机构侵占而提高投资者的投资意愿。其次，抵押效应则是指完备的林地抵押权有利于土地与林木成为抵押品，为农户获得更多的抵押贷款形成保障，获取信贷，增加农户可用于土地投资或各种短期投入的资金，进而满足农户资金需求，刺激其加大造林管护投入，促进投资行为的实现。特别是在林业税费减少以及林业补贴提高时，农户造林管护投入会显著增

加。最后，就实现效应来说，农户现有林地面积越大，期限越长，林地使用权就会越稳定，进而刺激农户加大林业投资，延长砍伐时间。此外，农户可将林地林木作为资产性资源予以流转，减少投资风险和不确定性，降低产权交易成本，激励农户投资林地、减少对森林资源的破坏。

总结来说，农户对产权稳定性和产权安全性产生一定的感知后，通过收益效应与保证效应获得林地收益、通过抵押效应降低营林风险，通过实现效应延迟林木采伐决策，进而加大其造林管护，减少其毁林弃地的意愿，促进森林面积的不断增加。

基于以上分析，本研究做出第一个假设：

H1: 新一轮集体林改对森林资源具有正向促进作用。

2. 新一轮集体林改对异质性林地面积的影响

集体林改将公益林和商品林都进行了确权到户，但农户在两种类型的林地上投入差异较大，更偏重于商品林的投入，对生态公益林的投入缺乏激励。由于生态林产生的生态价值在消费过程中具有典型的公共物品属性，所以生态林价值的付费对象就成为公共利益的代表者政府，政府通过补贴的形式给予农户价值补偿，但普遍较低的补偿标准使得农户难于从生态林中获得收益，因此农户对于生态林的生产经营缺乏动力。由此带来的一个引申结论是，新一轮集体林改对生态林面积的增长无促进作用。

基于以上分析，本研究提出第二个假设：

H2: 新一轮集体林改对异质性林地面积的影响有明显差异。

3. 新一轮集体林改相关配套措施对森林资源的影响

在完成新一轮集体林地确权的基础上，2009年以来，我国陆续启动了以森林保险、减免林业税费、林地林木流转、木材采伐限额制度改革和抚育、造林补贴等为主体的新一轮集体林产权制度改革的相关配套改革。

在其他条件保持不变的情况下，造林和森林抚育补贴通过降低农户造林和抚育的成本，促进农户营林积极性；森林保险能够降低林地经营风险，若发生自然灾害，则可通过获得赔偿而降低损失；而林权抵押贷款作为一种新型金融制度创新，增加了农户等林业经营主体获得融资的可能性，一定程度上缓解了其融资贷款难的问题。作为理性人的农户，在配置生产要素时会倾向于边际报酬高的生产要素，新一轮集体林地确权后，提高了农户所经营林地的安全性与完整性，进而提高生产要素边际报酬。对于这些能够降低农户的营林成本和提高收益的配套改革措施，农户的劳动力和资本投入的边际报酬也会不断提高，促使其愿意保留更大的林地规模，投入更多的生产要素，进而长期作用于森林资源的增长。

但是在森林采伐限额方面，一般来说，森林最优化利用应该发生在无任何外在约束的情形下。而现实情况是，森林的开采受到采伐限额的影响。这种采伐限额分两种情况，第一种情况是森林采伐限额开采量大于最优开采量，理性的经济人不会在最优开采量的基础上去开采更多的森林，所以此时的采伐限额是无效的。第二种情况是森林的采伐限额小于无开采限额时的最优化采伐量时，则会使得森林所有者无法按照利润最大化的方式进行开采，使得森林难以最优利用。因此，从经济学角度来看，森林采伐限额的实施不利于森林资源的最优化利用。

因此，本研究提出第三个假设：

H3: 新一轮集体林改的相关配套措施也会对森林资源产生不同程度的影响。

(二) 数据说明及变量定义

本研究使用的数据来自国家林业和草原局发展研究中心2003—2016年开展的农村住户追踪调查，得到了中国财政部和亚洲开发银行的资助。该数据通过分层抽样和随机抽样调查，分别选取了东北集体林区的辽宁、西南林区的四川、平原林区的河南和山东、南方集体林区的浙江、福建、湖南、江西和广西共9个省份作为样本区域，共9个省份18个县市1227个样本农户。调查范围覆盖了四川、云南、湖南、贵州、广西、山东、辽宁、浙江、江西等全国24个省份，每省随机抽取2个县，每县随机抽取3个行政村，每个行政村随机抽取12~15名农户的数据。数据收集分三个层次：采用调查表对样本县随机抽取的三个乡镇采集乡镇层面的数据；采用调查表对样本镇随机抽取的三个行政村采集村级层面的数据；采用问卷和调查表对样本村随机抽取的每个村的15个农户进行访谈，获得农户家庭成员，以耕地、林地等为主的土地资料，固定资产情况，生产经营及支出活动，销售农产品，收入来源及支出，家庭消费等数据信息。经过长期追踪调研，数据能够较全面地反映我国集体林区农户及家庭成员的生产经营等各项活动。

从农户调查主要变量的均值来看，在家庭特征方面，林地面积整体呈增长态势，户主年龄不断增大，但整体受教育年限降低，样本中干部身份人数也逐渐减少，家庭人口整体呈减少趋势，家庭总收入不断增长，其中林业收入增速较快。在社会特征方面，道路状况不断改善，劳动力价格与木材价格不断上涨，林业投入与劳动力投入也不断增长。而自2009以来，我国才陆续启动了以森林保险、减免林业税费、林地林木流转、木材采伐限额制度改革和抚育、造林补贴等为主体的新一轮集体林产权制度改革的相关配套改革措施，因此，2003—2008年，木材采伐限额措施、森林保险、林权抵押贷款、林业补贴的衡量值均为0。表4-1为数据描述性统计。

表4-1 描述性统计

变量			2003年		2007年		2011年		2015年	
			均值	标准差	均值	标准差	均值	标准差	均值	标准差
林地面积（亩）		(ln)	−1.128047	5.706845	0.0579788	5.222946	1.331022	4.215831	1.556627	4.019452
林改与否		是=1,否=0	0.1871574	0.3901906	0.8183242	0.385728	1	0	1	0
户主年龄（年）		(ln)	3.779336	0.2437399	3.869119	0.221785	3.951125	0.2036819	4.016749	0.1884493
户主教育（年）		(ln)	1.731421	1.559608	1.731421	1.559608	1.72821	1.653543	1.363941	2.562283
干部与否		是=1,否=0	0.2685983	0.4434041	0.2685983	0.443404	0.2364918	0.425094	0.2192639	0.4139099
家庭规模（人）		(ln)	1.367634	0.3764023	1.367634	0.376402	1.333716	0.4110358	1.225202	0.4728117
家庭收入（元）		(ln)	8.684412	2.188085	9.297086	1.376946	9.698643	0.9992569	9.941606	1.134502
林业收入（元）		(ln)	−1.845455	8.162547	−0.4126714	8.224757	−0.0765284	8.238406	2.657227	7.110482
非农劳动力价（元）		(ln)	3.647583	0.3729733	3.726633	0.386387	3.879076	0.4050832	4.172843	0.3253916
木材价格（元）		(ln)	5.703021	0.1540065	5.995186	0.192190	6.137933	0.1712117	6.202279	0.1782615
采伐与否		是=1,否=0	0	0	0	0	0.4534064	0.4980193	0.6006265	0.4899615

(续)

变量		2003 年		2007 年		2011 年		2015 年	
		均值	标准差	均值	标准差	均值	标准差	均值	标准差
林业补贴	是 = 1, 否 = 0	0	0	0	0	0.5865309	0.4926484	0.7588097	0.4279731
林权抵押贷款	是 = 1, 否 = 0	0	0	0	0	0.009397	0.0965195	0.0086139	0.0924469
森林保险	是 = 1, 否 = 0	0	0	0	0	0.2913078	0.454543	0.6021926	0.489637
林业投入（元）	(ln)	−5.667152	6.593053	−5.109999	6.883362	−4.200857	7.397845	−4.709718	7.092459
劳动力投入（人）	(ln)	−4.088271	6.284481	−3.426885	6.370805	−3.490031	6.544821	−0.254140	5.555234

注：来源于农户调查数据整理。

（三）模型设置

本研究采用的是面板数据，它可以有效解决遗漏变量偏差问题，同时拥有时间和截面两个维度也可以提供更多的个体行为信息。对森林资源决定方程进行参数估计时，需要采取一些判断和操作。面板数据估计面板数据的一个极端策略是将其看成截面数据进行混合回归，而这种回归忽略了个体之间的异质性，因此不能直接使用混合回归。为了避免忽略个体的异质性，可采用个体效应模型，对于个体影响和解释变量间相关程度的确定，一般用两种估计方法：固定效应（FE）估计法和随机效应（RE）估计法。采用Hausman检验，结果显示Hausman检验的统计值为245.65且P值小于0.05，表明模型在1%的水平上显著拒绝随机效应模型和固定效应模型估计结果一致的原假设，采用固定效应模型效果更优。此外，考虑到地区经济水平、社会文化等方面都存在差异，可能会存在不随时间变化的遗漏变量，故应使用固定效应估计法；同时，本研究核心解释变量只有一个指标，较为固定，不具有随机性和推广性，因此固定效应模型更合适。

本研究主要研究集体林改对我国森林资源的影响，并进一步识别其对用材林以及生态林的不同影响。为此，建立固定效应面板模型如式（4-1）：

$$y_i = \alpha_0 + \alpha_1 x_1 + \alpha_2 x_2 + \alpha_3 x_3 + \cdots + \alpha_n x_n + \mu_i + \lambda_t + \xi_{it} \tag{4-1}$$

式中，i为样本村；t为时期，被解释变量y_i为森林总面积，并列出商品林面积、公益林面积、用材林面积、经济林面积作为支持依据；x_1为参与林改与否，为0-1变量，其系数α_1集体林改对森林面积的影响程度；$x_2, x_3, \cdots, x_n$则为影响森林面积的其他控制变量；μ_i和λ_t分别为控制个体和时间固定效应；ξ_{it}为残差项。

具体而言，本研究选用我国森林面积、公益林面积、用材林面积、经济林面积作为被解释变量，研究林改对不同林种的影响。总体的森林面积则能够反应出整体森林资源的变化趋势，而生态林则担负生态环境保护重任。用材林的面积最直接决定了国内的木材供给能力；相对于用材林，经济林主要以经济价值为生产目的，能够给农民带来更多的经济效益，因此集体林改通过确权发证与分山到户，在影响林农对林地产权的感知的程度上，经济林比用材林更强。

核心解释变量为是否参与集体林改，用0-1变量来衡量。解释变量主要有非农劳动力价格、道路状况（张寒等，2018）等经济社会因素；户主年龄、户主受教育程度、干部与否（张英，2012）、家庭人口、家庭总收入等家庭特征变量（尹航等，2010；王洪玉等，2009）；林地投资、林地投工、林业收入等林业特征；森林采伐限额、森林保险、林权抵押贷款、林业补贴（刘浩等，2020）等林改配套措施。

（四）经验性结果分析

根据前文的理论分析框架、数据说明和变量选择，本研究利用STATA16.0对所构建的模型进行估计。估计结果如表4-2所示。

表4-2　新一轮集体林改及配套措施对森林资源的影响

变量	森林面积	用材林	经济林	生态林
集体林改	1.0174***	2.0567***	0.5010***	0.7960***
	(7.31)	(9.88)	(3.42)	(4.41)
户主年龄	0.2725	2.0668***	0.2155	1.0977*
	(0.104)	(3.78)	(0.56)	(2.31)
户主受教育年限	−0.0252	−0.0610**	0.0249*	0.0016
	(−1.62)	(−2.63)	(1.52)	(0.08)
干部与否	0.0521*	0.0273	0.1430	0.0417
	(0.59)	(0.21)	(1.54)	(0.36)
家庭人口	0.2391***	0.0883**	0.2172**	0.0529
	(2.61)	(0.08)	(2.25)	(0.44)
家庭总收入	0.3066***	0.0026*	0.0384	0.0073
	(13.46)	(0.08)	(1.60)	(0.25)
道路状况	0.3415*	−0.2141*	−0.3430***	0.1812*
	(4.18)	(−1.75)	(−3.99)	(1.71)
林业收入	0.0021***	0.0127*	0.0030*	0.0185
	(0.48)	(2.00)	(0.68)	(3.34)
非农劳动力价格	−0.6884***	1.42026**	−0.0594	−0.1287**
	(−4.70)	(6.48)	(−0.39)	(−0.68)
采伐与否	−0.2148**	0.0212***	−0.1009	0.0424
	(−2.52)	(0.24)	(−2.35)	(0.38)
林业补贴	0.1587***	0.2314*	0.1066	0.6595***
	(1.95)	(1.90)	(1.24)	(6.23)
林权抵押贷款	0.0041	−0.1253	0.0141	1.7136***
	(0.01)	(−0.26)	(0.04)	(4.12)
森林保险	0.6548***	0.1886*	0.2522***	0.5457***
	(8.81)	(10.02)	(3.22)	(5.66)
林业投资	0.0666***	0.0491***	0.0427***	0.0072
	(14.39)	(7.09)	(8.75)	(1.20)
林业投工	0.1443***	0.0803***	0.0293***	0.0160**
	(26.94)	(10.02)	(5.19)	(2.30)
常数项	5.1370***	(−15.2521)***	−7.7600***	−12.1023***
	(2.93)	(−5.81)	(−4.20)	(−5.31)
个体固定	是	是	是	是
时间固定	是	是	是	是

注：*、**、***分别表示在10%、5%和1%水平上显著；括号中为t统计值。

在林地确权方面，集体林改对森林总面积、经济林面积、用材林面积影响均在1%的水平上显著，这说明我国实施的集体林改对森林面积的增长起到了显著的促进作用。从总体上来说，进行分山到户和确权发证，稳定了农户的林地使用权，会延迟农户采伐林木的决策，进而激励其加大造林投入，长期来看，会促进森林面积的增加。对于公益林来说，林改同样也促进了其面积的增长，这与本研究假设H2相悖，可能是因为随着非农就业的增长，大量年轻劳动力流入城镇进而使得家庭农业劳动力不足，部分农户会倾向于将多余的林地变更为公益林。

在林改相关配套措施方面，我国实施集体林改后，又先后出台了林业补贴、林权抵押贷款、森林保险等一系列集体林改配套措施来提高林农营林用林的积极性。通过实证结果分析可以发现，林改相关配套措施也会对异质性林地产生不同的影响作用。

对林地总面积来说，林业补贴、森林保险均在1%的水平上显著，而采伐限额措施则在5%的水平上呈现负显著，这说明限制采伐的数量越多，农户就越难以进行木材销售，其积极性就会受到影响，进而会减少林地面积。

森林保险对林地总面积、经济林面积、公益林面积均达到了1%的显著水平，说明森林保险的出台，提高了农民对于林地的风险承受能力，促使其加大营林活动，进而促进面积的增加。但是森林保险对于用材林则在1%的水平上显著，这可能是由于用材林投资周期较长，变现难，其预期收益折现值较低所导致。林业补贴对林地总面积和公益林均达到了1%的显著性水平，对用材林和经济林达到了5%的显著性水平。公益林的主要收益为政府的补贴，而用材林与经济林的收益主要为销售收入，林业补贴在其报酬结构中只占很小一部分，所以林业补贴对于公益林的促进作用更加显著。而林业采伐限额管理制度与森林总面积呈现负显著关系，这可能是由于采伐限额的提高，使得农户难以申请到指标，进而减少了营林积极性。而采伐限额则与用材林在1%的水平上正向显著，根据调查过程中与农户的访谈得知，农户一般自己并不向当地林业部门申报林木采伐指标，而是采用买卖青山的方式将活立木直接卖给木材收购商采伐指标。因此，林木采伐限额管理制度通过影响买卖进而影响林农收益。采伐限额越大，青山价格越高，进而促进农户用材林经营意愿的增强。而林权抵押贷款只与公益林呈显著关系，通过国家林业和草原局的农户调研情况可知，相对于其他林地，林权抵押贷款的获得门槛较高，零散且数额较少的林地难以达到抵押门槛，而一般农户拥有的公益林亩数相对于其他林地来说较大，因此也就很好地解释了公益林与林权抵押贷款之间的正向关系。

此外，在家庭特征方面，家庭人口数量对林地面积起到了积极的促进作用，其在1%的水平上显著。家庭人口多，相应的劳动力数量就会越多，进而促进了营林生产。同样家庭总收入也达到了1%的显著水平，说明家庭收入越高，就会有更多的资金来进行林业生产投入与经营。户主的受教育年限与其政治面貌均对林地总面积无影响，但户主年龄与用材林面积呈现反向增长关系，这可能是由于随着户主认知水平的提高，其会预测到用材林相较于其他生产活动的预期收益较低，因此会减少关于用材林的生产经营。在林业特征方面，林地投资与林地投工对于林地总面积、用材林、经济林均在1%的水平下显著，而林地投工对公益林在5%的水平下显著，林地投资对公益林不显著，这说明农民在林地上的投入增加会对其营林行为产生正向的影响，进而对林地面积产生正向的激励作用，而营林所带来的收益反过来又会促使农民进行加大林业投资，进而产生正向的循环反馈机制，但是由于公益林属于公共物品，农民即使加大了对公益林的投入也无法直接获得营林效益，进而不会影响到公益林面积的增长。在经济社会条件方面，非农劳动力价格则与林地面积显著呈反向增长的关系，非农就业价格越高，林地面积越少。当外出务工所获得的报酬大于从事林业生产时，理性经济人一般都会选择放弃较低的林业生产转而外出打工，因此营林活动以及林地面积也会随之进行减少。

基于上述实证研究结果可以得到几个基本结论：第一，赋予林农更明确和完整的林地产权能够有效促进森林资源的增长，即新一轮集体林改对我国森林资源的增长有正向促进作用。第二，相关林改配套措施如造林补贴以及森林保险也会对森林资源起到正向的促进作用，且对不同林地面积的增长作用不同，而采伐限额管理制度则抑制了森林面积的增长。第三，从林种结构上而言，新一轮林改促进了经济林面积、用材林面积以及公益林面积的增加。第四，其他因素如林业投资、林业投工等林业特征以及家庭收入和家庭劳动力数量也对森林资源起到了正向促进作用，而非农就业水平的提高与林地面积的增长呈明显负相关。

新一轮集体林改对我国木材供给的影响

一、集体林改前后我国木材产量变化

本研究整理了1998—2019年《中国林业统计年鉴》中我国木材产量的相关数据，得出木材产量变化趋势图4-2。1998—2003年期间，木材的产量呈下降的趋势，由1998年的5966.2万立方米降低到了2003年的4758.87万立方米，降幅为20.24%。这主要是由于1998年我国开始实施天然林资源保护工程，在全国范围采取木材禁伐和木材大量减产的措施，以达到保护森林资源和生态环境的目的。2003—2008年，可以看到我国的木材产量开始呈一个急速上升的趋势，木材产量由2003年的4758.87万立方米增加到了2008年的8108.34万立方米，增长率达到了227.87%。在这段时期，我国刚开始在江西、福建等地开始进行林改的试点工作。林改主要是通过明晰产权的措施激励林农造林的意愿，从而达到增加森林面积缓解木材供需矛盾。由木材产量的急剧上升可以看出我国集体林改的试点工作在增加木材产量方面颇具成效。需要指出的是，2009年木材产量为7068.29万立方米，比2008年低1040.05万立方米。2008年木材产量达到的高峰受到了2008年发生的低温雨雪自然灾害和四川汶川大地震的影响。自然灾害对森林资源造成了损害，受灾的林木需要清理，再加上灾后重建的需求，木材的产量由此变高。在经过快速增长的时期后，2009—2019年木材产量开始呈一个平稳上涨的趋势，十年间平均产量为8216.53万立方米。

此外，在国有林和天然林逐渐不再为我国木材产量的主要来源的情况下，集体林区的人工林就成为我国木材供给的主力。在2002年时，我国木材产量的46%就来自于集体林区。其中，我国南方林区的森林面积多以集体林为主，以浙江、安徽、福建、江西、湖北、湖南、广东、广西和贵州9省份为例，这9个南方林区的集体林面积占全省森林面积的90%以上，也就是说南方九省的木材产量主要是由集体林提供的。根据图4-3可知，仅南

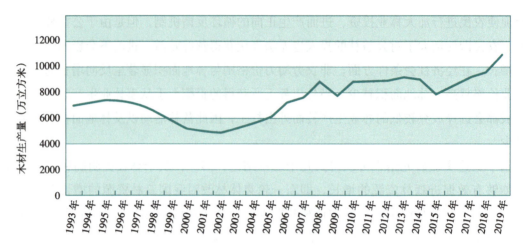

数据来源:《中国林业统计年鉴》。

图 4-2　1998—2019 年我国木材产量

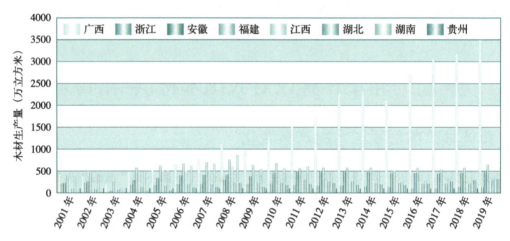

数据来源:《中国林业统计年鉴》。

图 4-3　2001—2019 年南方九省木材产量

方九省的木材产量占全国木材产量的占比就从2001年的50.51%达到了2019年的59.76%。2003年江西、福建等地率先开始集体林改的试点,2004年江西的木材产量由128.1万立方米上升到459.07万立方米,增长率为258.37%;福建的木材产量由247.15万立方米上升到582.34万立方米,增长率为135.62%。可以看出集体林改对我国木材产量的增加是起到了一个积极的促进作用的。目前,集体林的人工林已经成为我国木材供给的主要来源,据国家林业和草原局最新数据估计,我国集体林的商品材产量已经达到了全国木材产量的80%以上。

二、集体林改对木材供给影响的理论及实证分析

我国开展的集体林改由于确定了农民经营林业的主体地位,极大地刺激了农户的生产积极性,使得农民更加愿意投入更多的时间、精力以及其他物质资料等因素在森林资源的生产经营中,这些必然会导致我国林农的木材供给在质量和数量上的提升。林权改革对农户的林

地承包期的延长使得农户在长期内合理安排速生树种和慢生树种的组合,进而实现长期的稳定收益。与此同时,农户可以将不愿经营或难以经营的林地以承包、转让等方式转给更具有经营能力或创新水平的主体,从而使得林地通过聚集产生规模经济。经营权的流转不仅使得林农和经营主体都得以获利,而且促使我国林业生产效率的提升,进而扩大我国的木材供给。

(一)研究对象选取及来源

1. 样本省份的选取

考虑到集体林改是在2003年开始实施,在2008年开始向全国全面铺开的,并在2011年基本在全国完成推进改革,全国25个省份基本完成集体林地的确权工作,确权集体林地的面积占集体林地总面积已经达到92.23%。在2004—2010年期间,全国各省开始集中进行集体林改。到了2011年,明晰产权、确权到户的任务已经基本完成。因此,本研究将研究范围设为2004年以来参与集体林改的各省份。出于扩大样本容量和年份跨度的目的,福建省作为2003年第一批参与集体林改的省份,考虑到集体林改的完成需要一定的时间,将福建省归入2004年参与集体林改,而新疆在2009年刚开始进行改革,从开始到完成的时间也较长,因而认为新疆在2010年未完成改革。此外,出于样本数据的可获得性,本研究最终选取了福建、江西、内蒙古、江苏、浙江、辽宁、河北、安徽、云南、吉林、黑龙江、河南、湖北、湖南、广西、贵州、陕西、四川、重庆、广东、山西、新疆、甘肃、山东、海南共25个省份。这25个省份的木材产量为全国木材产量的97%以上,因此省份的选取具有一定的合理性。其中,各省进行集体林改的时间数据参考李卓等(2019)以及各省份林业部门及国家林业局,如表4-3所示。

表4-3 各省参与集体林改的时间

编号	省份	参与集体林改时间	编号	省份	参与集体林改时间
1	河北	2006年	14	湖北	2007年
2	山西	2008年	15	湖南	2007年
3	内蒙古	2004年	16	广东	2008年
4	辽宁	2005年	17	广西	2007年
5	吉林	2007年	18	海南	2008年
6	黑龙江	2007年	19	重庆	2008年
7	江苏	2004年	20	四川	2008年
8	浙江	2004年	21	贵州	2007年
9	安徽	2006年	22	云南	2006年
10	福建	2004年	23	陕西	2007年
11	江西	2004年	24	甘肃	2009年
12	山东	2009年	25	新疆	2009年(试点)
13	河南	2007年			

数据来源:根据各省(市)林业厅和国家林业局数据整理所得。

2. 变量选取

被解释变量:各地区木材产量。从国内木材供给的角度看,当林农砍伐的木材越多,木材的产量越多,国内木材的供给也就越多。因此,本研究采取木材产量这一指标用以直接衡量国内木材供给的情况。

核心解释变量:新一轮集体林改政策。集体林改的主要措施为确权到户、明晰产权,这可以保障林农的各项权益,促使林农参与改革。因此,将集体林改这一政策作为虚拟变量来验证其对国内木材供给方面的影响,林改实施前取0,林改实施后取1。

控制变量:森林资源状况、林业投资、林农数量。从国内供给方面看,丰富的林地条件有益于木材的生产,从而对国内木材供给产生一定的影响。集体林改实施后,林农被稳定的产权所激励,开始对集体林地进行更多地投入,这通常直接反映在森林蓄积量上。考虑到森林增长的特殊性以及用材林多以人工造林为主,本研究以造林面积和森林蓄积量来衡量森林资源状况。此外,林业资本和劳动力的投入通常会促进林农营林造林的意愿,那么木材的产量也会随之发生变化。故而,本研究用林业固定资产投资额衡量林业投资。国家对林业的大力扶持也必然会使得林业相关从业人数增加,当林农受到更多专业人员的帮助和培训时,林农对林业的投入也会随之增加。因此林农的投入也可以体现在林业工作方面人数的规模上。

根据上文分析,本研究选取2003—2018年的全国25个省份的样本数据,数据主要来源于《中国林业统计年鉴》和国家统计局。其中,各地区木材产量、造林面积、林业从业人数、林业固定资产投资额、森林蓄积量均源于《中国林业统计年鉴》。

由于我国每五年进行一次森林资源清查,因此对于森林蓄积量的处理采取每五年的平均增长率进行处理;对林业固定资产投资额则通过采用各省固定资产投资价格指数(2003年不变价格)进行平减得到,固定资产投资价格指数则源于《中国统计年鉴》。

(二)模型设定

普通的DID模型通常以一个时间点以区分实验组和对照组,而集体林改作为一个先试点再逐渐铺开的政策,各省进行集体林改的时间不同。因此,为了更好地验证集体林改对我国木材供给的影响,本研究参考Beck等(2010)构建多时点DID模型,以参与改革的省份作为实验组,没有参与改革的省份作为对照组,得到模型如(4-2)式:

$$Y_{it} = \alpha_0 + \beta_1 Treat_i \times Period_{i,t} + \beta_2 X_{it} + \gamma_i + \psi_i + \omega_{it} \tag{4-2}$$

式中,Y为被解释变量,即木材产量;$Period_{i,t}$为处理期的时间t随着省份i变化而变化,$Treat_i \times Period_{i,t}$为政策分组变量和政策时间变量的交互项;$\gamma_i$为个体固定效应,用以反映个体特征;$\psi_i$为时间效应,用以反映时间固定效应;$X_{it}$为随时间和省份发生变化的控制变量;$\omega_{it}$表示误差项。

为了更好地理解不同时间点政策分组变量和时间分组变量的交互项的意义,本研究将$Treat_i \times Period_{i,t}$替换为$FR_{i,t}$,得到模型如(4-3)式:

$$Y_{it} = \alpha_0 + \beta_1 FR_{it} + \beta_2 x_{it} + \gamma_i + \psi_t + \omega_{it} \tag{4-3}$$

式中,$FR_{i,t}= Treat_i \times Period_{i,t}$,$FR$为虚拟变量。若$i$省在$t$年进行了集体林改,$FR$取值为1;若$i$省在$t$年未进行集体林改,$FR$取值为0。系数$\beta_1$表示处理效应,即DID的估计量,为本研究最为关键的系数,主要衡量了集体林改政策对木材供给方面的影响。假如β_1系数显著为正,那么可以得到,林改这一政策能够有效促进产量的增加。

(三) 研究结果

1. 描述性统计

本研究将变量木材产量、造林面积、森林蓄积量、林业固定资产投资额以及林业从业人数选取自然对数，得到$\ln TP$、$\ln FA$、$\ln FV$、$\ln FI$、$\ln FN$。根据表4-4可知，木材产量对数的范围为−1.309到8.063，标准差为1.497，可以看出我国各地区的木材产量差异较大。同样地，林业固定资产投资额对数以及林业从业人数对数的平均值分别为11.854和1.227，标准差则分别为1.6和0.801，可以看出各地林业投资及林业从业人数的差异也较为明显。

表4-4 变量解释及描述性统计

变量	统计指标	符号	观测值	平均值	标准差	最小值	最大值
木材供给	木材产量（10^4立方米）	$\ln TP$	400	4.919	1.497	−1.309	8.063
政策	集体林改	FR	400	0.768	0.423	0	1
森林资源状况	造林面积（10^4公顷）	$\ln FA$	400	2.655	1.042	−1.078	4.457
	森林蓄积量（10^4立方米）	$\ln FV$	400	10.157	1.101	6.764	12.192
林业投资	林业固定资产投资额（10^4元）	$\ln FI$	400	11.854	1.600	6.825	16.305
林业投入	林业从业人数（10^4人）	$\ln FN$	400	1.227	0.801	−0.582	3.634

2. 回归结果分析

为了更好地控制省份和年份即个体效应和时间效应，本研究采取双向固定效应模型来进行回归估计。此外，出于解决由于遗漏变量而产生的内生性问题，本研究还选择加入造林面积、森林蓄积量、林业固定资产投资额、林业从业人数四个控制变量以观察估计结果。根据表4-5所得到的DID估计结果可知，在没有加入控制变量前，FR的估计系数β_1为0.371，结果显著为正，达到了5%的显著性水平；加入四个控制变量后，FR的估计系数β_1为0.436，结果依旧显著，在1%的显著性水平下，表示林改对木材产量的影响是正向的。此外，森林蓄积量对木材产量的影响也是较为明显的。自2003年林改进行试点以来，我国的森林蓄积量呈快速增长的趋势，可以认为，森林资源的改善有效地促进了我国木材产量的增加。根据上述结果，可以得到，自集体林改开始试点以来，木材产量得到了明显的提升。也就是说，集体林改能够有效地促进我国木材产量的提升，改善我国木材供给能力。

表4-5 DID基准回归结果

变量	(1) $\ln TP$	(2) $\ln TP$
FR	0.371** (2.17)	0.436*** (3.41)
$\ln FA$	—	−0.008 (−0.13)
$\ln FV$	—	1.305*** (3.92)

(续)

变量	(1) lnTP	(2) lnTP
lnFI	—	−0.113 (−1.47)
lnFN	—	−0.037 (−0.11)
Constant	4.253*** (22.32)	−7.076* (−1.90)
Observations	400	400
Province	YES	YES
Year	YES	YES
Number of province	25	25
R-squared	0.220	0.416

注：*** $p<0.01$，** $p<0.05$，* $p<0.1$。

3. 平行趋势检验

进行DID估计的前提是通过平行趋势检验，即实验组和对照组在林改政策发生前必须具有可比性。因此，本研究选择绘多期DID模型的平行趋势图以确保回归结果的合理性。根据图4-4可知，在林改政策冲击之间的年份估计值都在0附近，且95%的置信区间也包含0，可以得到林改政策冲击前估计值系数不显著，而林改政策发生后估计值系数显著为正，符合平行趋势检验。

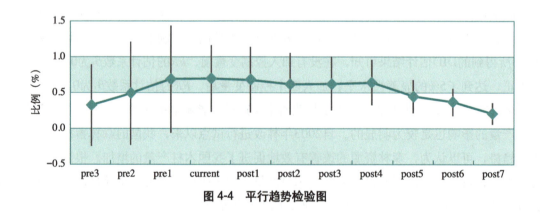

图4-4 平行趋势检验图

4. 稳健性检验

为了进一步验证结果的有效性，本研究剔除确权率较低的省份样本。考虑到一些省份或地区确权进程较慢，导致集体林地的确权率较低，这可能会对本研究的回归结果产生一定的影响。因此，本研究参考张寒等（2011）所整理的2009年林改全面铺开后全国各地的确权率，剔除确权率不满15%的省份（即广东、甘肃、新疆），以保证回归结果的准确性，得到表4-6。可知剔除确权率低的各地后，DID的估计结果在5%的显著性水平下；在加入四个控制变量后，DID估计结果仍然为正，即林改对木材产量的影响是正向的，与上文结果一致。

表 4-6　剔除样本期内确权率较低的地区的稳健性检验

变量	(1) lnTP	(2) lnTP
FR	0.499**	0.502***
	(2.75)	(3.64)
lnFA	—	−0.036
		(−0.51)
lnFV	—	1.336***
		(3.77)
lnFI	—	−0.113
		(−1.36)
lnFN	—	−0.037
		(−0.11)
Constant	4.431***	−7.072*
	(20.75)	(−1.82)
Observations	352	352
Province	YES	YES
Year	YES	YES
Number of province	22	22
R-squared	0.225	0.427

注：*** $p<0.01$，** $p<0.05$，* $p<0.1$。

5. 研究结论

自2003年林改开始试点以来，我国的森林蓄积量、人工林面积和木材产量都发生了显著地变化。为了验证林改对木材产出的影响，本研究通过建立多期DID模型，验证了集体林改的确对我国的木材供给呈积极的影响。也就是说，林改在一定程度上有效地促进了我国木材产量的增长。此外，由于林改是一项先试点再铺开的政策，各地实施林改的时间和程度都有所不同，本研究还发现确权率越高的地区，林改对其木材产出的作用越明显。林改对森林砍伐率的作用也较为明显，这可能是由于林改给予林农更稳定的产权，其促进了林农对森林的砍伐程度意愿以得到更高的收入。总而言之，通过上述分析，本研究得到结论，林改有效地提升了我国的木材供给能力，其确权程度越高，对木材产出的影响能力也就越强。

新一轮集体林改对我国木材进口贸易的影响

我国作为世界第一大木材进口国和第二大木材消耗国，对木材的需求量巨大，但由于我国人均森林储蓄量不高，供需结构性矛盾愈发突出，只能依靠贸易填补持续扩大的供需缺口。而近些年国际贸易环境动荡，贸易保护主义抬头上升至贸易战，使我国依靠进口平衡木材需求的难度不断增加，威胁着我国的木材进口安全。我国要想维护自身木材安全，应着力改革国内供给侧，增加国内木材供给，2008年在全国范围内开展的新一轮集体林改正是实现此目标的重要举措。

一、我国木材进口贸易现状

(一) 木材进口量

本研究根据联合国粮食及农业组织(FAO)的历年林产品年鉴整理出了我国1998—2019年的木材进口量。由图4-5可以看出,我国的木材进口量总体上呈上升的趋势,在2008年、2012年和2015年有所下降。1998年以后,由于天然林资源保护工程的实施,我国对于天然林实施了禁止砍伐的规定,木材进口量也因此呈快速增长的趋势。此外,2001年我国加入世界贸易组织(WTO),这也有可能促进了木材的进口,1998—2002年的增长率为189.52%,平均增速为30.8%,平均每年增加467.92万立方米;到了2003年,增速开始放缓,平均增速为8.1%,平均每年增加476.68万立方米。这可能是由于2003年以后我国的集体林改开始试点,在一定程度上增加了国内木材的供给,故而木材进口量的增速开始放缓,不再急剧增长。2008年木材进口量的下降还有可能是由于全球金融危机导致的全球贸易量的下降;后续木材进口放缓还受到主要木材进口来源国如俄罗斯、泰国、越南等国开始实施的木材限制出口的政策。1998—2002年,我国原木和锯材的进口量均呈快速增长的趋势,增长率分别为252.8%和96.98%,主要以原木进口量的增加为主(图4-6)。到了2003年以后,原木进口量的增速开始放缓,平均增长率为6.18%,锯材的平均增长率则为12.01%。可以看出,2003年以后,锯材进口的增长速度要比原木进口高,这可能是由于我国在2008年全面铺开的林改政策主要使得我国原木供给上升,以及我国主要木材进口来源国实施的限制原木出口的政策,也促使作为原木替代品——锯材的进口增加。另外,由于2008年全球金融危机,国内对木材的需求和出口需求变少,故而在2008年木材的进口量较2007年的进口量的降幅达到了13.07%。

(二) 木材进口价格

本研究的木材进口平均价格是由木材进口金额除以木材进口量得到的。根据FAO统计可知,1998—2019年原木平均进口价格与锯材平均进口价格的波动存在相关性,其变动方向大体一致。1998年,我国的原木平均进口价格为144美元/立方米,锯材平均进口价格为285美元/立方米;到了2001年我国加入WTO以后,进口木材价格有所下降。2003—2007年,进口木

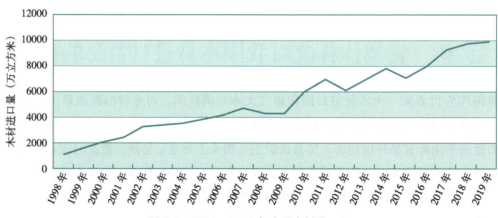

图4-5 2001—2019年我国木材进口量

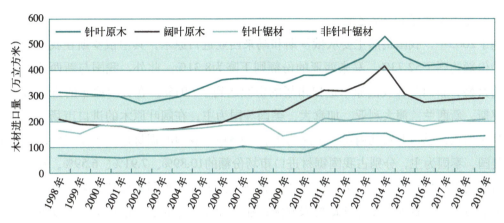

图 4-6　1998—2019 年我国各类木材进口量

材的价格总体上呈持续上升的状态，其中原木进口平均价格的平均增长率为8.29%，锯材进口平均价格的平均增长率为3.9%；2008年以后，由于全球金融危机的影响，木材价格达到低谷，原木的平均进口价格为125美元/立方米，锯材的进口价格为211美元/立方米。随后木材的价格一路上升，原木和锯材的平均进口价格均在2014年达到了顶峰，分别为232美元/立方米和325美元/立方米，相比于2010年增长率分别为75.76%和39.48%。2015年后，我国的木材平均进口价格趋于一个平稳的状态，到了2019年，原木和锯材的平均进口价格分别为188美元/立方米和272美元/立方米。

此外，不同种类的木材进口平均价格存在差异，本研究将原木分为针叶原木和阔叶原木，锯材分为针叶锯材和非针叶锯材，将这四类木材1998—2019年的平均进口价格整理得到图4-6。在原木进口这方面可以看出，阔叶原木的平均进口价格要高于针叶原木的平均进口价格，大约为2倍，2019年针叶原木平均进口价格为142美元/立方米，阔叶原木平均进口价格为209美元/立方米；而且针叶原木的进口价格波动较阔叶原木的进口价格平稳。在锯材进口这方面可以看出，其针叶锯材进口价格的变动趋势与针叶原木进口价格的变动趋势相似，非针叶锯材进口价格的变动趋势也与阔叶原木进口价格的变动趋势相似。总而言之，针叶木材的平均进口单价要比阔叶木材的平均进口单价要低，其价格的变动趋势也更为平稳。

（三）我国木材进口来源国

除了木材种类的变化，考虑到林改是在2003年试点和2008年全面铺开的，本研究将1998—2019年我国木材进口来源国的变化整理成图表，更为清晰地体现集体林改前后我国木材进口市场结构的变化。

根据表4-7、表4-8可知，1998—2002年，我国的原木进口国主要为俄罗斯、马来西亚、加蓬等国，其中以俄罗斯和马来西亚为主，1998年我国从这两国的原木进口量分别占原木总进口量的22.62%和19.51%。在针叶原木的进口市场上，俄罗斯、朝鲜、马来西亚、新西兰占据了针叶原木进口量的87%以上；在阔叶原木的进口市场上，马来西亚、加蓬、俄罗斯、喀麦隆、缅甸占据了我国阔叶原木进口量的一半左右。相比于针叶原木的进口更多集中于俄罗斯，阔叶原木的进口则更为分散一些。1998—2002年，我国的锯材进口国主要为马来西亚、印度尼西亚、美国、加拿大等国，其中以马来西亚、印度尼西亚和美国为主。不过相比于1998年，可以看出到了2002年，马来西亚、美国两国的占比开始降低，而俄罗斯、泰国、加拿大等国开始逐渐有了一席之地。

到了2003年，我国仍然主要从俄罗斯和马来西亚进口原木，其中俄罗斯在我国原木进口市场的份额达到了52.73%，马来西亚的份额则下降为8.31%。此外，我国与新西兰的木材贸易开始繁盛，新西兰在我国原木进口市场的份额达到了7.91%。在针叶原木的进口市场上，以俄罗斯、新西兰、澳大利亚、加拿大、美国等国为主；在阔叶原木的进口市场上，以俄罗斯、马来西亚、巴布亚新几内亚、加蓬为主。2003年，我国的锯材进口市场仍旧以印度尼西亚、美国、泰国为主，分别占我国锯材进口市场份额的10.89%、7.91%、6.59%。在针叶锯材的进口市场上，加拿大、俄罗斯、新西兰、智利、美国等新兴国家代替原来的针叶锯材最大进口国蒙古，成为我国主要针叶锯材来源国；在非针叶锯材的进口市场上，印度尼西亚、美国、泰国、马来西亚占据了我国非针叶锯材进口的40%以上。

2008年，俄罗斯占我国原木进口市场的份额达到了56.18%，占我国锯材进口市场的份额达到了23.96%，可以看出我国的木材进口对俄罗斯的依赖度较高。在针叶原木的进口市场上，俄罗斯、新西兰、美国是主要的针叶原木进口来源国；在阔叶原木的进口市场上，俄罗斯、马来西亚为主要的阔叶原木进口来源国。2008年，我国锯材进口来源主要以俄罗斯为主，占比达到23.96%。

2013年以后，新西兰超越俄罗斯成为我国第一大原木进口国，占我国原木进口市场份额为27.56%，以针叶原木出口为主。俄罗斯占我国原木市场的进口份额大幅度下降，由2008年的56.18%降低到了2019年的23.07%。美国、加拿大、巴布亚新几内亚和澳大利亚成为我国主要原木进口来源国，其占我国原木进口市场份额的比例约为33%以上。其中，从美国、加拿大和澳大利亚进口的主要为针叶原木；从巴布亚新几内亚进口的主要为阔叶原木。在锯材进口市场上，俄罗斯占我国锯材进口市场的份额从2008年的23.96%上升到了2019年的33.72%，而加拿大、泰国、美国等国的份额也有所提升。其中，2019年我国针叶锯材的主要进口国为俄罗斯、加拿大、美国；非针叶锯材的主要进口国为泰国、美国、俄罗斯和马来西亚。

根据1998—2019年我国原木和锯材进口市场的变化，可以看出，早期我国的原木进口多集中于俄罗斯和马来西亚两国，俄罗斯的份额逐年上升，2008年时无论是原木进口还是锯材进口，俄罗斯进口木材占我国进口木材市场的份额都是第一名。2001年我国加入WTO之后，我国的贸易伙伴开始变得多样化。2003年时，新西兰已经成为我国的第三大原木进口国，2013年更是超越俄罗斯成为我国第一大原木进口来源国。究其原因，2009年俄罗斯上调原木出口关税影响到了俄罗斯对我国出口原木。此外，2008年，我国与新西兰签订了自由贸易协定，这使得中新之间的贸易变得更加频繁。虽然近年来俄罗斯原木在我国原木进口市场上的份额逐渐减少，但是其锯材占我国锯材进口市场上的比例却在逐年升高，可以看出俄罗斯从原材料出口转向初级加工的木材出口。集体林改实施前后，除了我国传统原木进口国俄罗斯以外，我国的原木进口市场上开始出现美国、加拿大、澳大利亚等传统资本主义强国；在锯材进口市场上，我国从俄罗斯进口锯材的量也开始逐年增多，除了美国、加拿大和马来西亚等传统锯材进口国以外，泰国、智利、芬兰等国的进口锯材在我国锯材进口市场上也开始有一席之地。

表 4-7 1998—2019 年我国主要原木进口来源国   %

年份	俄罗斯	新西兰	马来西亚	美国	加拿大	加蓬	巴布亚新几内亚	澳大利亚
1998	22.62	2.03	19.51	1.63	0.18	9.98	3.24	0.06
1999	34.89	1.90	18.59	0.59	0.04	8.06	3.55	0.01
2000	37.53	2.74	15.04	0.54	0.08	7.71	4.49	0.08
2001	47.21	4.56	9.63	0.75	0.10	6.40	4.63	0.33
2002	55.15	7.03	5.23	0.63	0.14	4.25	2.16	0.50
2003	52.73	7.91	8.31	0.70	0.52	2.71	3.89	1.20
2004	59.48	2.85	12.52	2.75	0.47	5.04	8.27	1.02
2005	59.23	2.59	9.87	4.23	0.41	4.32	6.89	0.60
2006	70.34	3.76	7.90	1.98	0.42	3.25	5.43	0.86
2007	57.69	4.31	10.25	1.33	0.87	4.03	5.21	1.12
2008	56.18	6.37	11.77	4.96	1.13	3.54	7.76	1.46
2009	41.31	21.70	12.05	5.84	2.16	1.38	5.98	2.48
2010	39.89	17.81	5.31	7.84	3.25	1.70	14.76	2.85
2011	34.03	17.98	1.33	12.49	5.72	0.05	6.46	3.74
2012	24.34	23.28	3.16	11.77	6.38	0.09	13.04	3.66
2013	23.34	27.56	3.69	12.59	6.70	0.03	11.56	2.60
2014	21.35	25.42	3.82	11.21	6.18	0.01	12.62	2.54
2015	21.77	23.43	2.84	9.52	6.33	0.02	11.01	3.07
2016	22.81	23.95	2.76	9.69	7.20	0.01	11.41	4.09
2017	22.86	26.66	1.46	11.24	8.06	0.01	7.08	6.72
2018	22.35	24.78	1.84	10.23	7.66	0.01	7.62	5.73
2019	23.07	25.86	2.16	10.54	7.80	0.01	8.41	6.32

数据来源：FAO 数据库整理所得。

表 4-8 1998—2019 年我国主要锯材进口来源国   %

年份	俄罗斯	美国	马来西亚	印度尼西亚	加拿大	泰国	智利	芬兰
1998	0.47	13.63	22.07	15.73	4.38	1.51	0.02	0.10
1999	2.25	18.10	33.91	18.55	5.05	3.60	0.12	0.36
2000	2.79	8.31	12.69	18.77	5.85	5.77	0.34	0.57
2001	5.12	9.18	9.89	21.38	6.22	6.16	0.62	0.65
2002	7.68	11.34	9.90	20.31	6.34	8.68	2.52	0.91
2003	4.55	7.91	5.52	10.89	4.95	6.59	0.76	0.54
2004	15.43	9.23	4.90	0.42	5.24	7.50	0.92	0.51
2005	21.49	9.04	11.73	10.56	4.20	11.59	1.00	0.91
2006	23.26	7.94	11.81	6.30	5.15	11.93	2.13	0.83
2007	21.93	13.98	2.58	0.07	6.98	10.17	1.83	2.74
2008	23.96	6.48	4.23	0.96	7.49	3.33	4.49	0.24
2009	30.56	5.25	2.00	0.51	16.06	3.85	2.35	0.28
2010	30.49	7.48	4.41	1.40	24.63	3.55	1.99	0.46
2011	28.63	11.77	1.49	3.20	29.51	9.06	1.97	0.29
2012	31.06	11.81	1.68	3.36	29.80	8.89	2.29	0.35
2013	32.70	11.77	2.19	2.26	27.40	6.54	2.16	0.97

(续)

年份	俄罗斯	美国	马来西亚	印度尼西亚	加拿大	泰国	智利	芬兰
2014	30.53	12.28	2.14	1.86	26.61	6.00	1.92	0.90
2015	26.36	10.37	2.51	1.05	21.35	6.40	1.72	1.09
2016	33.36	9.56	2.51	0.93	21.13	6.15	2.11	1.86
2017	33.02	9.41	2.57	0.90	17.82	9.41	1.84	2.44
2018	31.53	10.24	1.93	0.91	17.64	7.91	1.55	3.03
2019	33.72	10.03	2.13	0.91	18.92	8.93	1.75	2.82

数据来源：FAO 数据库整理所得。

(四) 我国木材进口主要种类

在木材进口种类方面，1998—2000年，我国原木进口以阔叶原木为主；到了2001年以后，针叶木材成为进口原木的主要构成部分，针叶木材进口量占木材进口量的占比从2001年的50.27%上升到2018年的69.67%。1998—2002年，针叶原木进口量的增长速度较快，平均增长率86.33%；2003年集体林改开始试点后，针叶原木进口量增长速度开始放缓，进口量在2003年、2008年、2012年和2014年有所下降，总体平均增长率为7.18%。在进口锯材方面，锯材的进口种类与原木呈相似的趋势，1998—2007年，锯材进口以非针叶锯材为主；2008—2019年，锯材进口以针叶锯材为主，针叶锯材的进口量占锯材进口量的比重由1998年的28.12%上升到2019年的65.99%。考虑到我国的天然林多为针叶树木，因此在天然林资源保护工程实施后，国内针叶木材的产量呈下降的趋势。而国内对针叶木材的需求仍然在上升且相比于阔叶原木，针叶原木的价格更加低一些，因此，从国外进口针叶木材的数量随之呈上升的趋势。在针叶锯材进口方面，我国的主要木材进口国俄罗斯虽然限制了原木的出口，但是对于针叶锯材方面的出口则没有加以限制。因而，目前我国的木材进口结构是以针叶林为主，阔叶林为辅。总体而言，集体林改前，由于天然林资源保护工程的实施以及基础设施建设对于针叶木材的需求，我国针叶木材的进口量快速增长；而在集体林改后，由于我国木材产量的增加，我国木材的进口量增速呈一个平稳增长的状态。

二、集体林改对我国林产品进口贸易的影响分析

(一) 基于木材进口增长率的分析

出于优化资源配置的目的，我国需要解决木材供需不平衡的问题。当木材的需求上升过快时，提高国内木材供给能力和依靠进口木材是解决木材供需不平衡的主要举措。根据产权理论，集体林改是通过明晰产权来产生对林农的激励，从而优化资源配置，缓解木材供需矛盾。根据上述研究可知，集体林改有效地促进了木材的砍伐，提高了我国的木材产量，提升了我国的木材供给能力。本研究认为，由于林改促进了木材产量的提升，因此国内木材产量的提升可以有效地抑制木材的进口，缓解过快的木材进口增速。在此基础上，本研究将深入分析集体林改对木材进口的影响。

1. 变量选取与数据来源

根据上文集体林改对木材进口的影响机制，本研究选取1999—2018年的样本FR数据。其中，我国木材进口量增长率作为被解释变量。解释变量为：①政策，虚拟变量FR，由于林改

2003年开始试点,2004年林改实施前取0,实施后取1;②林业投资增长率,作为集体林改的资金投入;③木材价格,作为国内市场影响木材进口的指标;④森林砍伐率,作为我国木材供给能力的指标。

其中,木材进口量的增速由FAO林产品年鉴数据计算所得;林业投资增长率由《中国林业统计年鉴》计算所得;森林蓄积量由全国森林资源清查所得、木材产量及木材价格的数据源自《中国林业统计年鉴》。此外,由于全国森林资源清查每五年统计一次,故而其变化量是由每五年的平均增长率处理所得。森林砍伐率的计算公式为(4-4)式:

$$R = TP \div FV \tag{4-4}$$

式中,R为森林砍伐率;TP为木材产量;FV为森林蓄积量。

此外,《中国林业统计年鉴》只统计了2001年以后的国内木材价格数据。因此,本研究参考张寒等(2011)对于2001年以前木材价格的处理,即采取木材及纸浆类购进价格指数($PPIWP$)计算2001年之前的木材价格,其计算公式为(4-5)式:

$$P_{t-1} = PPIWP \times P_t \tag{4-5}$$

为了剔除通货膨胀的影响,本研究还将对木材价格采取用农产品生产者价格指数(1998年不变价格)进行平减处理。同时,出于消除时间序列和异方差现象的目的,本研究将木材价格进行自然对数的变化,得到$\ln P$(表4-9)。

表4-9 变量选取及意义

类别	变量	符号	单位	预期方向
被解释变量	木材进口量增长率	Import	%	—
解释变量	林业投资增长率	FI	%	—
	国内木材价格	ln P	元/立方米	—
	森林砍伐率	R	%	—
	集体林改	FR	—	—

考虑到时间序列数据具有非平稳性的特点,为了避免伪回归,需要对数据进行ADF检验。随后利用Eviews8.0对各变量的水平序列单位根进行数据分析。在单位根的平稳性检验中,各序列的平稳性需要参考各变量的ADF值是否小于5%的显著性水平下的临界值。根据表4-9可知,除了变量Import以外,在5%的显著性水平下,FI、$\ln P$、R的单位根ADF检验统计值都大于相应的临界值,无法拒绝数据存在单位根的原假设。也就是说,这三个变量为非平稳性时间序列。因此,上述变量需要再进行一阶差分处理,得到表4-10,可知经过一阶差分后,各变量的ADF检验统计量则均小于1%的显著性水平下的临界值,故所有变量达到了平稳的状态,为一阶单整。

表4-10 各变量一阶差分单位根 ADF 检验结果

变量	ADF 检验统计量	1% 临界值	5% 临界值	10% 临界值	P 值	平稳性
Import	−8.29553	−3.88675	−3.05217	−2.66659	0.0000	平稳
FI	−6.57061	−3.85739	−3.04039	−2.66055	0.0000	平稳
R	−4.81008	−3.85739	−3.04039	−2.66055	0.0014	平稳
ln P	−4.40224	−3.85739	−3.04039	−2.66055	0.0033	平稳

为了进一步检验集体林改、林业投资增长率、木材价格、森林砍伐率与木材进口量增长率之间的长期均衡关系,本研究接下来将进行Johansen协整检验,由Johansen检验结果可知,木材进口量增长率、集体林改、林业投资增长率、木材价格、森林砍伐率之间至少存在2个协整关系,可以进一步建立VAR模型。

2. 模型的构建与结果分析

在对模型进行计量分析前,为了直观地验证各变量对木材进口量增长率的影响,采取OLS最小二乘法进行检验,得到政策变量在10%的显著性水平下显著为负,估计值为-0.368342,也就是说集体林改对木材进口量的增长率影响是负的。本研究建立的VAR模型为N维随机向量服从Q阶向量自回归过程,记为VAR(Q)。表达式为(4-6)式:

$$Y_t = \alpha + \psi_1 Y_{t-1} + \psi_2 Y_{t-2} + \cdots + \psi_p Y_{t-q} + \varepsilon_t \tag{4-6}$$

式中,α服从n维常数向量;ψ_p($p=1, 2, \cdots, q$) $n \times n$维,$\{\varepsilon_t\}$为n维服从独立同分布随机向量。

建立VAR模型较为重要的一点是选取滞后阶数。本研究采取滞后长度准则(Lag Length Criteria)、AIC(Akaike Information Criterion)准则和SIC准则(Schwarz Information Criterion)来确定和建立最优滞后阶数的VAR模型。

根据上述AIC和SIC准则,模型的最大滞后阶数为1,本研究建立的为VAR(1)模型。此外,为了验证VAR模型的稳定性,本研究采取AR-Roots方法来进行检验。

根据图4-7可知,VAR模型的所有单位根都落在单位圆内,也就是说,木材VAR模型具有稳定性。1999—2019年,木材进口量增长率与四个影响因素之间存在长期均衡的关系,模型的建立是科学的,可进一步进行脉冲响应分析。

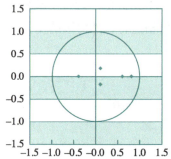

图4-7 VAR模型单位根检验

脉冲响应得到的结果如图4-8至图4-11所示。根据图4-8可知,木材进口量增长率对最初的政策冲击的反应较为迅速,且为负向的,从第4期开始趋于平稳。也就是说,短期来看,集体林改会对木材进口产生明显的抑制作用;从长期来看,抑制作用较为稳定。总而言之,这与上文OLS检验结果一致,集体林改这一政策能够抑制木材进口量的增长率,缓解我国过快的木材进口需求。

根据图4-9可知,木材进口量增长率对最初的国内木材价格冲击的反应较为迅速,且为负向的,从第3期开始趋于平稳。也就是说,短期来看,木材价格的上升会对木材进口产生明显的抑制作用;从长期来看,抑制作用较为稳定。林改导致木材价格呈一个上涨的趋势,尤其是短期内极大地刺激了林农对木材的砍伐,促进了木材产量的上升。这在一定程度上可能在短期内影响到了木材的进口量,但从长期来看,除了政策以外,市场会逐渐调整木材的价格,故而木材价格对我国木材进口的影响会逐渐趋于稳定。

根据图4-10可知,最初来自林业投资增长率的一个负向冲击后,木材进口量增长率反应迅速且剧烈,第2期达到了明显的负向效应;到第3期后,其方向变为正向,且反映逐渐趋于平稳,木材进口量增长率对林业投资的增长的冲击反映不明显。从短期来看,林业投资的增长极大地抑制了木材进口量的增长,第3期变为正向冲击,这可能是由于当时我国相关林业

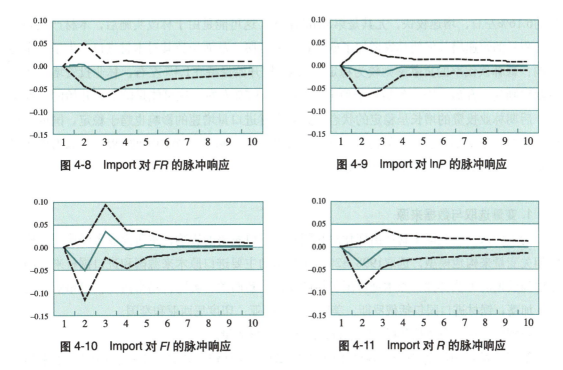

图 4-8　Import 对 FR 的脉冲响应　　　　图 4-9　Import 对 lnP 的脉冲响应

图 4-10　Import 对 FI 的脉冲响应　　　　图 4-11　Import 对 R 的脉冲响应

的投资促使我国进口更多的木材以满足需求；但第4期后，其对木材进口的影响就变得较为稳定。林业投资可以看作林农对林地的资金投入，在早期集体林改实施后，林业投资的增长较为剧烈，可以看作早期林农对于营林造林的投入极大地促进了木材的产出，从而抑制了木材进口量的快速增长。

根据图4-11可知，总体上而言，森林砍伐率对木材进口量增长率的冲击是负向的；最初应对来自森林砍伐率的冲击时，木材进口量增速反应较为迅速，在第2期到第3期最为明显；第4期开始趋向平稳。从短期看，森林砍伐率的增长迅速地抑制了我国木材的进口；从长期来看，森林砍伐率在一定程度上对木材进口量增速的影响较为稳定，且方向为负向。

对于各影响因素的方差分解结果如表4-11所示。

表 4-11　各因素方差分解结果

Period	S.E.	Import	FR	R	FI	lnP
1	0.141067	100	0	0	0	0
2	0.156519	81.2891	0.050344	0.672548	11.11624	6.871767
3	0.164706	74.26618	3.568657	1.450479	14.43289	6.281794
4	0.167624	74.02596	4.3565	1.414307	14.08032	6.122914
5	0.169135	73.47735	5.146124	1.42249	13.92346	6.030571
6	0.17015	73.31735	5.521477	1.41415	13.75801	5.98901
7	0.170756	73.14994	5.798778	1.412547	13.67179	5.966952
8	0.17116	73.05618	5.967951	1.409994	13.61008	5.955802
9	0.171422	72.98755	6.082362	1.408515	13.5721	5.94947
10	0.171595	72.94344	6.156599	1.407344	13.5466	5.946019

根据表4-11可知，木材进口量增速的波动主要从第3期开始自身扰动下降，但其自身的扰动仍然为主要方面。在影响因素方面，集体林改的贡献率从第3期的3.57%左右达到了第10

期的6.16%左右，增速较快，尤其是第3期的增速，这可能是由于林改实施后，木材产量和森林蓄积量的快速增长促使林农增加了砍伐森林的意愿，从而导致其对木材进口产生了一定的影响；森林砍伐率的贡献率则较为稳定，从第3期开始保持在1.4%左右；林业投资增长率的贡献率则先上升后下降，然后趋于稳定，保持在13.5%左右，这可能是除了一开始的高速增长，后期林业投资的增长呈稳定的状态，其对木材进口量增速的影响也趋于稳定；国内木材的价格的贡献率则是呈下降的趋势，从第2期的6.87%下降到了第10期的5.95%，国内市场对于木材进口速度的影响是逐渐趋于稳定的。

（二）基于国际面板数据的分析

1. 变量选取与数据来源

为了深入分析我国木材产出变化对我国木材进口贸易的影响，本研究参考经典引力模型的相关变量来构建模型，选取1998—2015年我国的主要进口原木来源国和进口锯材来源国。考虑到数据的可获得性，原木进口国包括俄罗斯、新西兰、美国、马来西亚、巴布亚新几内亚、加蓬；锯材进口国包括俄罗斯、美国、马来西亚、印度尼西亚和泰国。

被解释变量：中国从各样本国家进口原木、锯材的量。

解释变量：中国的GDP、各样本国家的GDP、森林资源差异、汇率、中国的木家具出口量和两国之间的理论距离。近年来，我国的经济发展迅速，国内对木材的需求易对木材的进口产生影响。因此，本研究拟采取中国及各木材进口来源国的GDP作为衡量我国及进口来源国的国内需求。此外，我国作为一个木制产品出口大国，除了满足国内需求以外，还需要满足国外对于木制产品的需求。我国出口的木质产品越多，对于木材的需求也就越强烈。因此，本研究将我国的木家具出口量作为衡量国外需求的指标。汇率的变动会影响到我国的木材进口贸易，本研究将实际汇率作为衡量木材贸易环境的指标。同时，本研究选取两国之间的距离作为衡量两国之间贸易成本的变量。此外，森林资源的差异能够直接影响到一国的木材进出口贸易。一国的木材产出通常由一国森林蓄积量的丰富程度来衡量，森林资源越丰富的国家对于进口木材的需求越弱。目前大部分国家的森林蓄积量呈平稳的状态。考虑到我国的集体林改是先试点再铺开的政策，其变化是循序渐进的，对进口木材的影响不能一蹴而就，故而本研究将林改实施以来我国木材产出的变化作为衡量我国集体林改效果的代理变量。因此，在衡量两国之间的木材贸易时，本研究拟采用两国森林资源差异作为指标，衡量我国木材产出的变化。

表4-12 变量选取及意义

类别	变量	符号
被解释变量	我国从某国的原木进口量	$lnImport_{lcjt}$
	我国从某国的锯材进口量	$lnImport_{scjt}$
解释变量	我国的GDP	$lnGDP_{ct}$
	木材进口来源国的GDP	$lnGDP_{jt}$
	森林资源差异（j国人均森林蓄积量与中国人均森林蓄积量的差值）	$lnAVFV_{cjt}$
	汇率（1元人民币所能兑换的j国货币）	ER_{cjt}
	我国木家具出口量	$lnWF_{ct}$
	两国之间的理论距离	lnD_{cj}

表4-12中，我国从各样本国家进口原木、锯材的量来自FAO数据库；我国及各国的GDP、消费者价格指数、各国汇率、人口来自世界银行数据库；我国及各国森林蓄积量来自FAO全球森林资源评估报告；我国木家具出口量来自《中国林业统计年鉴》；两国之间的理论距离则来自CEPII数据库。

考虑到FAO的全球森林资源评估每五年进行一次，对于各国森林蓄积量的处理采取每五年的平均增长率进行处理；为了剔除通货膨胀的影响，对各国GDP则采取CPI指数（1998年不变价格）进行平减处理；由于两国之间的距离没有时间变化趋势，对于两国之间的距离数据则采取距离与WTI原油价格指数的乘积进行处理。

2. 描述性统计、平稳性检验和协整分析

本研究将各原木进口来源国和锯材进口来源国的相关变量取对数，并进行了描述性统计，得到结果如表4-13。在木材进口量方面，$\ln Import_{lcjt}$的平均值要较$\ln Import_{scjt}$大一些，但差距不大。我国的GDP呈快速上升的趋势，其对数的平均值为28.69；原木和锯材进口来源国的GDP的对数相差不大，其平均值分别为25.30和26.69；原木和锯材进口来源国的森林资源差异较为稳定，其对数的平均值分别为6.30和4.46；汇率方面的差距则较大，这主要是由于印度尼西亚和加蓬等国的换算汇率较大；我国的木家具出口量则呈稳定增长的趋势。

表4-13 各变量的描述性统计情况

类别	变量	平均值	标准差	最小值	最大值
原木	$\ln Import_{lcjt}$	14.32446	1.671599	8.71029	16.96413
	$\ln GDP_{ct}$	28.69277	0.700558	27.65965	29.69496
	$\ln GDP_{jt}$	25.30057	2.575707	21.33717	30.15947
	$\ln AVFV_{cjt}$	6.295836	1.140312	4.72889	8.391392
	ER_{cjt}	13.35786	27.88038	0.120788	94.92192
	$\ln WF_{ct}$	19.05291	0.52048	18.03621	19.60622
	$\ln D_{cj}$	12.87308	0.709877	11.04771	13.94608
锯材	$\ln Import_{scjt}$	13.42785	1.265598	8.68186	15.98159
	$\ln GDP_{ct}$	28.69277	0.701214	27.65965	29.69496
	$\ln GDP_{jt}$	26.68652	1.704049	25.00226	30.15947
	$\ln AVFV_{cjt}$	4.457225	1.330266	2.326944	6.327055
	ER_{cjt}	269.338	554.8538	0.120788	2149.736
	$\ln WF_{ct}$	19.05291	0.520967	18.03621	19.60622
	$\ln D_{cj}$	12.51589	0.722686	10.77147	13.90694

拟采取LLC检验和Fisher-type检验对各变量进行平稳性检验，得到表4-14、表4-15。在原木进口方面，变量$\ln Import_{lcjt}$、$\ln GDP_{jt}$、$\ln AVFV_{cjt}$、ER_{cjt}、$\ln WF_{ct}$、$\ln D_{cj}$均通过了LLC检验和Fisher-type ADF检验，在1%的显著性水平下，是平稳的，达到了一阶单整。而变量$\ln GDP_{ct}$为二阶单整，因此对变量$\ln GDP_{ct}$取一阶差分与其他变量形成新的序列。在锯材进口方面，变量$\ln Import_{scjt}$、$\ln GDP_{jt}$、ER_{cjt}、$\ln WF_{ct}$、$\ln D_{cj}$均通过了LLC检验和Fisher-type ADF检验，在1%的显著性水平下，是平稳的，达到了一阶单整。而变量$\ln GDP_{ct}$、$\ln AVFV_{cjt}$为二阶单整，因此对变量$\ln GDP_{ct}$和变量$\ln AVFV_{cjt}$取一阶差分与其他变量形成新的序列。

表 4-14 平稳性检验结果（原木）

变量	LLC 检验	ADF 检验	平稳性
$lnImport_{lcjt}$	−1.75858***	16.7601	不平稳
$lnGDP_{ct}$	2.36661	1.26148	不平稳
$lnGDP_{jt}$	2.24148	1.38494	不平稳
$lnAVFV_{cjt}$	−0.89191	19.528*	不平稳
ER_{cjt}	1.7699	2.37302	不平稳
$lnWF_{ct}$	4.17528	0.35318	不平稳
lnD_{cj}	2.22254	1.30428	不平稳
$\triangle(lnImport_{lcjt})$	−3.69187***	29.7012***	平稳
$\triangle(lnGDP_{ct})$	−1.73451**	10.9388	不平稳
$\triangle(lnGDP_{jt})$	−4.31353***	33.6423***	平稳
$\triangle(lnAVFV_{cjt})$	−7.03331***	17.2769***	平稳
$\triangle(ER_{cjt})$	−4.32765***	34.2767***	平稳
$\triangle(lnWF_{ct})$	−4.04984***	27.7317***	平稳
$\triangle(lnD_{cj})$	−7.3459***	63.7753***	平稳
$\triangle[\triangle(lnGDP_{ct})]$	−8.01125***	66.317***	平稳

表 4-15 平稳性检验结果（锯材）

变量	LLC 检验	ADF 检验	平稳性
$lnImport_{lcjt}$	−2.50184***	15.0134	不平稳
$lnGDP_{ct}$	2.16041	1.05123	不平稳
$lnGDP_{jt}$	2.37397	1.01922	不平稳
$lnAVFV_{cjt}$	−0.40092	16.8014*	不平稳
ER_{cjt}	2.54134	2.98614	不平稳
$lnWF_{ct}$	3.81149	0.29431	不平稳
lnD_{cj}	−3.42756***	16.7852*	不平稳
$\triangle(lnImport_{lcjt})$	−3.43463***	40.6471***	平稳
$\triangle(lnGDP_{ct})$	−1.58339	9.11566	不平稳
$\triangle(lnGDP_{jt})$	−3.86455***	26.8809***	平稳
$\triangle(lnAVFV_{cjt})$	−0.81611	4.45359	不平稳
$\triangle(ER_{cjt})$	−2.25494***	19.1125***	平稳
$\triangle(lnWF_{ct})$	−3.69698***	23.1098***	平稳
$\triangle(lnD_{cj})$	−3.87846***	28.0511***	平稳
$\triangle[\triangle(lnGDP_{ct})]$	−7.31324***	55.2641***	平稳
$\triangle[\triangle(lnAVFV_{cjt})]$	−4.75293***	27.3192***	平稳

对于上述新形成的序列，本研究对其进行Pedroni检验，得到表4-16。

根据表4-14和4-15可知，在原木进口方面，Panel PP、Group PP在1%的显著性水平下拒绝原假设，Panel ADF、Group ADF在5%的显著性水平下拒绝原假设。因此，各变量之间存在协整关系。在锯材进口方面，Panel PP、Panel ADF、Group PP、Group ADF均在1%的显著性水平下拒绝原假设。因此，各变量之间存在协整关系，可以继续进行回归。

表4-16 协整检验结果

类别	检验方法	各变量
原木	Panel v–Statistic	−1.82497
	Panel rho–Statistic	2.031218
	Panel PP–Statistic	−3.55146***
	Panel ADF–Statistic	−2.15796**
	Group rho–Statistic	3.398301
	Group PP–Statistic	−10.3166***
	Group ADF–Statistic	−1.74127**
锯材	Panel v–Statistic	−2.36954
	Panel rho–Statistic	2.252459
	Panel PP–Statistic	−9.96586***
	Panel ADF–Statistic	−3.08191***
	Group rho–Statistic	3.41961
	Group PP–Statistic	−7.29377***
	Group ADF–Statistic	−2.57438***

3. 模型设定与检验

为了确立模型的形式，本研究拟采用F检验来确定混合估计模型和固定效应模型。本研究首先利用公式分别计算F统计量，得到F（原木）=13.87612、F（锯材）=3.14775。通过查表得到相应的临界值$F_{0.05}(5, 96)=2.309$，$F_{0.05}(4, 79)=2.487$。其中，F（原木）>2.309、F（锯材）>2.487，均拒绝原假设，因此选择固定效应模型。

根据上述分析，本研究对我国原木和锯材进口分别建立多元回归模型（4-7）式和（4-8）式：

$$\ln\text{Import}_{lcjt} = \alpha_1 + \beta_1 \ln\text{GDP}_{ct} + \beta_2 \ln\text{GDP}_{jt} + \beta_3 \ln\text{AVFV}_{cjt} + \beta_4 \text{ER}_{cjt} + \beta_5 \ln\text{WF}_{ct} + \mu_{cjt} \quad (4\text{-}7)$$

$$\ln\text{Import}_{scjt} = \alpha_2 + \gamma_1 \ln\text{GDP}_{ct} + \gamma_2 \ln\text{GDP}_{jt} + \gamma_3 \ln\text{AVFV}_{cjt} + \gamma_4 \text{ER}_{cjt} + \gamma_5 \ln\text{WF}_{ct} + \omega_{cjt} \quad (4\text{-}8)$$

模型（4-7）为我国的原木进口多元回归模型；模型（4-8）为我国的锯材进口多元回归模型。α_1和α_2是常数项；$\beta_1 \sim \beta_6$及$\gamma_1 \sim \gamma_6$是待估系数；Import_{lcjt}为中国t年从j国进口原木的量，Import_{scjt}为中国t年从j国进口锯材的量；μ_{cjt}和ω_{cjt}是随机误差项。

4. 回归结果

由于本研究选择的是面板数据，为了进一步确定估计模型的形式，本研究拟采用Hausman检验，得到模型（4-7）的卡方统计量为152.18，P值为0.000；模型（4-8）的卡方统计量为46.84，P值为0.000，模型（4-7）和模型（4-8）的卡方统计量均大于0，且P值为0.000，故而模型均拒绝原假设，因此选择建立固定效应模型，得到结果如表4-17，可知在原木进口模型（4-7）中，$\ln\text{AVFV}_{cjt}$、ER_{cjt}、$\ln\text{WF}_{ct}$均在1%的显著性水平下拒绝原假设，可以认为两国森林资源差异、汇率、我国木家具出口量对我国原木进口的影响是显著的。

在锯材进口模型（4-8）中，$\triangle(\ln\text{GDP}_{ct})$、$\text{ER}_{cjt}$在1%的显著性水平下拒绝原假设，可以认为我国GDP的增长率、汇率对我国锯材进口是显著的。

集体林改实施以来，我国的森林蓄积量呈快速上升的趋势，仅2003—2013年十年间就上升了26.81亿立方米，我国的人均森林蓄积量也呈稳定上升的趋势。而我国多数木材进口来源国的森林蓄积量的变化趋于稳定，如俄罗斯十年间仅上升了11亿立方米，巴布亚新几内亚和印度尼西亚的森林蓄积量甚至呈下降的趋势。因此，我国的主要木材进口来源国的人均森林蓄积量多呈稳定或下降的趋势，这无疑缩小了木材进口来源国与我国森林资源的差异。根据模型（4-7）回归结果，当两国之间森林资源的差异越小时，进口原木的量也就越小。因此，在我国森林蓄积量上升的同时，我国与主要原木进口来源国森林资源的差异也就越小，这在一定程度上抑制了我国原木的进口。此外，比起锯材进口，原木进口更容易受到我国森林蓄积量的影响。本研究将森林蓄积量的提升视为我国木材产出的提升，也就是说随着我国木材产出的提升，我国与原木进口来源国的森林资源差异减少，这在一定程度上抑制了我国木材的进口。

表4-17 回归结果

变量	模型 (4-7) $\ln Import_{lcjt}$	模型 (4-8) $\ln Import_{scjt}$
$\triangle (\ln GDP_{ct})$	−4.252	−11.024***
	(−1.55)	(−3.86)
$\ln GDP_{jt}$	−0.346	−0.087
	(−0.56)	(−0.12)
$\ln AVFV_{cjt}$	10.088***	
	−5.28	
ER_{cjt}	−0.078***	−0.002***
	(−2.89)	(−2.67)
$\ln WF_{ct}$	1.828***	0.316
	−3.42	−0.56
$\ln D_{cj}$	0.472	0.908
	−0.86	−1.54
$\triangle (\ln AVFV_{cjt})$		−13.193
		(−1.64)
Constant	−79.773***	0.106
	(−3.38)	−0.01
Observations	102	85
R-squared	0.448	0.289
Number of country	6	5
模型类型	固定效应	固定效应
Ftest	5.67E−10	0.000229
R_2	0.38	0.193
F	12.16	5.021

注：*** $p<0.01$，** $p<0.05$，* $p<0.1$。

研究结论与政策建议

一、研究结论

21世纪以来，我国经济的高速发展使得木材的消耗量也快速增长，我国对木材资源的需求也随之增长。考虑到我国对木材的庞大需求以及我国森林资源的稀缺性，我国的木材进口贸易越发繁荣。与此同时，由于1990年以来全球森林面积呈不断减少趋势，世界各国对于森林资源的重视程度也在不断地增加，主要木材出口国对出口木材的限制也逐渐变得严格。这意味着，仅仅依靠进口木材来缓解木材供需矛盾是不可行的，提升国内供给能力的重要性不言而喻。基于此，本研究从林业产权制度的改革出发，得到以下结论：

首先，随着2003年集体林改开始进行试点以来，我国的森林面积和木材产量都呈稳步上升的趋势。由历次全国森林资源清查结果可知，2003—2008年集体林改试点时期，森林面积增加了2054.3万公顷，平均每年增加410.86万公顷；人工林面积增长了843.27万公顷，平均每年增加168.65万公顷。构成商品材主体的人工林面积的快速增长也促进了木材产量的快速增长，木材产量由2003年的2473.02万立方米增加到了2008年的8108.34万立方米，增长率达到了227.87%。与此同时，随着集体林改的实施，木材的进口增速也开始放缓。由此可见，在林改开始实施后，我国的森林资源状况转好，木材的产量也随着提升。

其次，集体林改对木材产出的确起到了正向的促进作用，且确权率越高的地区对木材产出的影响越明显。本研究结果显示，集体林改、森林蓄积量与各省的木材产出具有较为显著的正相关关系。为了进一步分析其对木材产出的作用，本研究剔除了部分确权率较低的地区，发现集体林改对木材产出的影响仍然显著为正，且系数变为0.502，即集体林改确权率较高的地区，其木材产量受到集体林改的影响越深。当将森林砍伐率作为木材产出的指标时，研究结果显示出，集体林改于森林砍伐率也具有较为显著的正相关关系。这主要是由于集体林改促使我国的森林资源变得越来越丰富，可用于砍伐的商品林面积越来越大，林农出于获得利益的需求对森林砍伐的意愿也越来越强烈。

最后，集体林改能够抑制我国过快的进口木材需求。本研究结果显示，集体林改对我国木材进口量的增速的作用是显著为负的，且影响程度逐步加深。此外，在短期内林改对木材价格的影响可以影响到木材的进口量，但是考虑到市场的因素，木材价格对木材进口量增速的影响最终会趋于平稳。而林业投资的投入短期内也可以刺激木材进口量的变化，但由于林业投资不会无限制的增加，当林业投资趋于平稳以后，林改的资金投入对木材进口量的影响也逐渐平稳。长期来看，森林砍伐率对木材进口量增速的影响程度较为稳定，稳定的木材供给可以有效地抑制我国木材进口量的增速。也就是说，当集体林改提升了我国的木材供给能力后，能够缓解我国过快的木材进口需求。此外，相比于锯材进口，木材产出的提升对于抑制原木进口的影响更为明显，这可能是由于集体林改直接影响到的是森林资源的增长，当原木的进口减少后，作为原木替代品的初级加工锯材的量就随之增加了。

二、政策建议

虽然集体林改在一定程度上有效地缓解了我国木材供需矛盾,从而抑制了木材进口量的增加,但是由于我国经济的快速发展以及森林资源的特殊性,我国对于木材的需求量仍旧很庞大。所以基于上述研究结果,本研究特提出以下建议:

第一,继续深化集体林改,促进森林资源增长。考虑到森林资源的特殊性和重要性,为了长期稳定地促进木材供给的提升,我国应继续深化集体林改制度。一方面,政府应继续提高林地确权率。根据上述研究结果可知,林地确权率越高,集体林改对木材产出的影响越深。只有当越来越多的林农受到林业产权的激励,他们才越有可能继续投入资本和劳动力以达到更大的利益。另一方面,森林保险和林地抵押贷款等政策需要深入发掘。虽然直接给予林业补贴可以在短期内刺激林农的行为,但是从长期的保障来看,林业投资对于木材产出的影响不深。因此,利用此类金融措施能通过减少林农损失和增加林农收入来提升林农营林造林的意愿,对降低林农风险和保障林农利益大有裨益。

第二,继续扩大木材进口来源。虽然集体林改能够在一定程度上抑制我国木材进口的增速,但我国过于庞大的经济体量使得我国对木材的需求仍然较大。因此,除了依靠制定国内的林业政策提升木材产出以外,进口木材仍然为我国缓解木材供需矛盾的重要手段。此外,虽然近年来我国木材进口来源国有所扩大,但是我国的主要木材进口国仍然以俄罗斯、新西兰、加拿大、美国等国家为主。考虑到目前世界各国出于保护森林资源的目的而进行的各类贸易保护措施,集中于几个进口国家不利于我国的木材贸易安全和稳定。以中俄木材贸易为例,俄罗斯在2009年提升原木出口关税的措施,对我国的木材进口造成了一定的影响,其在我国原木进口市场上的贸易份额也快速下降。世界木材交易市场变幻莫测,森林资源的特殊性亦容易导致各种贸易壁垒,如提升关税、禁止出口等。因此,我国应继续扩大木材进口来源国,避免对某些国家的木材进口过于依赖,降低木材进口风险。与此同时,比起锯材进口,集体林改对原木进口的影响比较明显,我国还应该考虑到锯材进口安全问题,稳定现有锯材进口来源国和扩大锯材进口来源国的范围。

第三,加大技术投入,提高木材利用率。木材产量的提升不能仅仅依靠森林面积的扩大和国外进口,绿色、实用的产品越来越受到消费者的青睐。科学技术是第一生产力,在全球价值链上游的各国一直以来高度重视技术的发展。本研究发现,虽然短期内林改能够快速抑制我国木材进口量的增速,但简单的产权改革不能长久地促进林业的发展,只有当我国的政府和相关企业将重点放在技术投入上,培育出稀有的、实用性强的树种,我国的林产品才会在市场上具有优势,我国对外进口木材的依赖性也会随之降低。此外,提升木材利用率也至关重要,这不仅能够保护环境,还能使我国木材资源的利用达到最大化,减少森林资源的浪费。相比于国外木材的利用率,我国对木材的循环利用以及综合利用稍显不够。因此,加大对技术的资金投入,提升木材的综合利用率亦能使我国木材进口贸易更加长久稳定地发展。

第四,签订贸易协定、构建长期稳定合作关系。世界经济环境要靠各国共同维护,从一开始的加入WTO,到后来陆陆续续地与各国签订贸易协定、建立自贸区,足以看出我国对进出口贸易的重视程度。以中新木材贸易为例，在我国与新西兰签订贸易协定后，新西兰的木材在我国的木材进口市场上的份额就大幅度增加。考虑到木材这一资源的特殊性，与各国关于木材贸易的谈判也就显得越发重要。构建合作共赢的木材贸易关系对我国的木材进口贸易至关重要。由此可见，除了制定国内林业政策提升木材供给能力以外，加强国际贸易合作同样能够有效地缓解我国木材供需矛盾，减轻木材进口的风险，构建长期稳定的合作。

新一轮

党政机构改革后县乡林草部门运行状况研究

2021 集体林权制度改革监测报告

党的十九届三中全会审议通过了《中共中央关于深化党和国家机构改革的决定》和《深化党和国家机构改革方案》，以国家治理体系和治理能力现代化为导向，贯彻优化协同高效原则，优化政府机构职能，转变政府职能为根本目的，全面提升政府效能。习近平总书记指出：省市县主要机构设置和职能配置同中央保持基本对应，构建起从中央到地方运行顺畅、充满活力的工作体系。地方在坚决贯彻党中央决策部署的同时，要发挥主观能动性，结合地方实际创造性开展工作。根据中央统一部署，各省市县根据各自实际，开展了新一轮党政机构改革，县乡林草主管部门也相应进行了改革。

为全面了解新一轮党政机构改革后县乡两级林业管理部门的运行状况，认真总结经验，及时发现新形势、新任务下出现的新的矛盾和问题，有针对性地制定确保基层林业管理部门顺畅高效运转的政策措施，推动生态文明建设、实施乡村振兴和美丽中国战略，从2020年开始，国家林业和草原局发展研究中心连续两年对覆盖华北、华中、华南、华东、西北、西南、东北的17个省份43个县市区138个乡镇，在机构改革后的机构设置、职能配置和权责效能等方面情况，通过问卷调查、座谈讨论、查阅资料、实地走访等方式开展专题调研，现将调研情况进行报告。

机构设置

一、县级机构设置

新一轮党政机构改革后，县级林业管理部门的机构设置，从业务范围划分，有5种模式：一是以林业工作为主单独设置的林业局。位于南方集体林区的江西、安徽、福建、广东、湖南、贵州的全部样本县和广西的环江、山东的蒙阴、陕西的镇安、云南的宜良、四川的马边和沐川等24个样本县采取此种模式；占全部样本县的比重为55.81%。二是将林业和草原职能整合的林业和草原局。实行这种模式的有云南和河北两省的3个样本县，占比为6.98%。三是把林业和城市园林职责相整合的园林绿化局。实行此种模式的有北京市的昌平和房山两个区，占比为4.65%。四是将林业与原独立行使茶叶管理职能相整合的林业和茶业局。实行此种模式的有河南省的浉河区，占比为2.32%。五是将林业与国土规划职能相整合的自然资源（和规划）局。实行此种模式的有辽宁、山东、河北、四川、河南的6个样本县，占比为13.95%。

从行政隶属关系划分，有3种模式：一是政府组成部门。共有24个样本县，占所有样本县的比重为55.81%。二是划归自然资源局管理的政府组成部门。有7个样本县，占比为16.28%；上述两种模式均为政府的组成部门，并没有实质性的差别，因此，被重组为政府组成部门的样本县实际上应为31个，占比为72.09%。三是把职能整合到自然资源局的部门。有12个样本县，占比为27.91%。在职能整合到自然资源局的部门中，仍保留林业局牌子的样本县有7个，占所有样本县的比重为16.28%。

新一轮党政机构改革后，样本县林草主管部门机构设置不同模式的分布呈现出明显的区域性差异。具体表现为，凡森林资源丰富、林业在经济社会发展中占据重要地位的地区，林业主管部门几乎全部被确定为单独设置的政府组成部门或者由自然资源部门管理的政府组成部门。在南方集体林区的8个样本省份中,江西、福建、湖南、广东、贵州、安徽6个省份15个样本县的林业主管部门全部为单独设立的政府组成部门。另外,针对广西的2个样本县,一个是林业部门单设,另一个是由自然资源局管理的政府组成部门;仅有浙江省2个样本县的林业职能被整合到自然资源部门。南方集体林区8个样本省份15个样本县,机构改革后县级林业主管部门被重组为政府组成部门的比重为86.67%。位于西南地区的云南、四川、重庆3个省市以及与四川毗邻的陕西省的12个样本县,被直接确定为政府组成部门的有3个,接受自然资源部门管理的政府组成部门的有6个,职能整合到自然资源局的有3个。政府组成部门的占比为75%;凡是林业资源较少的地区,机构改革后的林业主管部门大多被整合到自然资源局,山东、辽宁、河南、河北的10个样本县,被确定为政府组成部门的只有1个县,接受自然资源局管理的政府组成部门有2个,职能整合到自然资源局的有7个。政府部门的占比为30%,被整合到自然资源部门的比例达到70%(表5-1)。

表5-1 机构改革后样本县林草部门隶属关系

样本省份	样本县区	改革前为政府工作部门	改革后 机构名称	继续为政府工作部门	划归自然资源局管理仍为政府工作部门	职能并入自然资源局保留林业局牌子	职能并入自然资源局不保留林业局牌子	林地面积(万亩)	森林覆盖率(%)
福建	沙县	✓	沙县林业局	✓				211.65	77.74
	顺昌	✓	顺昌县林业局	✓				240.53	80.50
广东	和平	✓	和平县林业局	✓				259.72	75.54
	丰顺	✓	丰顺县林业局	✓				319.90	78.69
贵州	锦屏	✓	锦屏县林业局	✓				172.91	72.18
	织金	✓	织金县林业局	✓				271.11	63.02
湖南	洪江	✓	洪江市林业局	✓				222.52	68.25
	平江	✓	平江县林业局	✓				392.04	63.36
江西	遂川	✓	遂川县林业局	✓				372.91	79.07
	铜鼓	✓	铜鼓县林业局	✓				19.77	88.04
	兴国	✓	兴国县林业局	✓				359.36	74.54
	崇义	✓	崇义县林业局	✓				292.45	88.30
	修水	✓	修水县林业局	✓				496.30	73.46
广西	平果	✓	平果市林业局		✓			257.12	68.98
	环江	✓	环江县林业局	✓				533.73	78.15
浙江	德清	✓	德清县自然资源局(林业局)			✓		59.88	42.65
	遂昌	✓	遂昌县自然资源局(林业局)			✓		318.35	83.59
山东	蒙阴	✓	蒙阴县林业局	✓				149.43	62.20
	莱州	✓	莱州市自然资源局(林业局)			✓		48.59	17.25
	平邑	✓	平邑县自然资源局				✓	79.65	29.10
辽宁	本溪	✓	本溪县自然资源局(林业局)			✓		384.83	76.31
	清原	✓	清原县自然资源局				✓	424.64	72.20
河南	浉河	✓	浉河区林茶局	✓				187.48	70.10
	舞阳	✓	舞阳县自然资源局				✓	7.94	6.81

(续)

样本省份	样本县区	改革前为政府工作部门	改革后				资源情况	
			机构名称	继续为政府工作部门	划归自然资源局管理仍为政府工作部门	职能并入自然资源局保留林业局牌子	职能并入自然资源局不保留林业局牌子	林地面积（万亩）	森林覆盖率（%）
云南	双柏	✓	双柏县林业和草原局		✓			509.67	84.00
	宜良	✓	宜良县林业和草原局	✓				157.94	55.83
四川	丹棱	✓	丹棱县自然资源局				✓	38.93	57.68
	威远	✓	威远县自然资源和规划局（林业局）			✓		79.85	41.36
	沐川	✓	沐川县林业局	✓				332.72	77.34
	南部	✓	南部县自然资源局				✓	163.70	48.96
	南江	✓	南江县林业局		✓			362.81	71.50
	马边	✓	马边县林业局	✓				281.92	78.87
安徽	金寨	✓	金寨县林业局	✓				432.05	75.52
	休宁	✓	休宁县林业局	✓				266.67	83.27
北京	昌平	✓	昌平区园林绿化局	✓				97.24	48.25
	房山	✓	房山区园林绿化局	✓				111.75	36.90
陕西	延长	✓	延长县林业局					120.34	33.87
	镇安	✓	镇安县林业局		✓			358.29	68.50
重庆	武隆	✓	武隆区林业局					285.49	65.60
	涪陵	✓	涪陵区林业局		✓			229.50	52.00
河北	易县	✓	易县自然资源局			✓		121.94	32.08
	张北	✓	张北县自然资源局			✓		175.77	28.00
	平泉	✓	平泉市林业和草原局	✓				290.53	58.80
合计		43		24	7	7	5		
占比(%)		100		55.81	16.28	16.28	11.63		

新一轮党政机构改革后，被确定为政府组成部门或归口自然资源局管理的政府组成部门的县级林业主管部门内设科室的配置，大多随着职能的增减而变动，总体上保留了改革前林业局的组织架构。需要关注的是，林业管理职能完全被整合到县级自然资源局之后的林业内设科室设置。针对林业管理职能由自然资源部门实施的6省（自治区、直辖市）11个样本县，其自然资源局共有内设科室146个，其中林业专业科室29个，占科室总数的19.86%；林业职能与其他行业相近职能交叉科室42个，占比为28.77%；其他科室75个，占比为51.37%。河南省舞阳县和辽宁省本溪县林业管理职能完全由职能交叉科室实施（表5-2）。

表5-2 机构改革后样本县并入自然资源部门内设科室设置情况统计

省份	机构名称	科室总数	其中		
			林业专业科室	职能交叉科室	其他业务科室
四川	威远县自然资源局	11	3	4	4
	丹棱县自然资源局	13	4	3	6
	南部县自然资源局	13	3	2	8
河南	舞阳县自然资源局	8		6	2

(续)

省份	机构名称	科室总数	其中		
			林业专业科室	职能交叉科室	其他业务科室
浙江	遂昌县自然资源局	12	3	4	5
辽宁	清原县自然资源局	13	4		9
	本溪县自然资源局	14		3	11
山东	莱州市自然资源局	20	4	7	9
	平邑县自然资源局	21	5	4	12
河北	张北县自然资源局	12	2	5	5
	易县自然资源局	9	1	4	4
	合计	146	29	42	75
	占比（%）	100.00	19.86	28.77	51.37

二、乡镇级机构设置

近十几年来，乡镇林业站先后经历了撤乡并镇和事业单位改革等多次变革。新一轮党政机构改革对乡镇林业站的改革主要表现在隶属关系的变化。调研组于2021年重点对10个省份11个样本县的138个乡镇林业站的单位性质、管理体制、职能变化和人员配置等方面进行了系统了解。

新一轮党政机构改革前，在138个乡镇林业站中，为县林业主管部门派出机构的有60个，占比为43.48%；由乡镇政府直接管理的有54个，占比为39.13%；由县林业主管部门和乡镇政府双重管理的有24个，占比为17.39%。机构改革后，乡镇林业站仍然属于县林业主管部门派出机构的有24个，占比为17.39%；实施双重管理的有20个，占比为14.49%；完全由乡镇政府管理的有94个，占比为68.12%。由县林业主管部门派出和双重管理体制的明显减少，交由乡镇政府直接管理的明显大幅增加。

针对乡镇林业站的单位性质，新一轮党政机构改革前，属于全额拨款事业单位的有115个，占比83.33%；差额拨款单位23个，占比16.67%。新一轮党政机构改革后，原全额拨款事业单位性质的乡镇林业站基本得以维持，只有浙江省的德清县在林业站下放乡镇管理后，2个全额拨款单位转为差额拨款，使得实施差额拨款的乡镇林业站总数由23个增加到25个，占比由16.67%提高至18.16%（表5-3）。

表5-3 样本县乡镇林业站机构改革前后情况对比

省份	县区	林业站数	改革前					改革后					
			单位性质		管理体制			机构名称	单位性质		管理体制		
			全额	差额	县局派出	乡镇机构	双重领导		全额	差额	县局派出	乡镇机构	双重领导
广西	平果	12	12				12	林业工作站	12			12	
	环江	12	12				12	林业工作站	12				12
辽宁	本溪	11	11			11		林业工作站	11			11	
山东	蒙阴	12	12			12		林业工作站	12			12	
福建	沙县	12	12		12			林业工作站	12			12	

(续)

省份	县区	林业站数	改革前					改革后					
			单位性质		管理体制			机构名称	单位性质		管理体制		
			全额	差额	县局派出	乡镇机构	双重领导		全额	差额	县局派出	乡镇机构	双重领导
广东	和平	17	17		17			农林水服务中心	17			17	
贵州	锦屏	15	15		15			林业工作站	15			15	
江西	遂川	16		16	16			林业工作站		16		16	
云南	双柏	8	8			8		林草服务中心	8				8
河南	浉河	11	11			11		农村发展服务中心	11			11	
浙江	德清	12	5	7		12		农业农村办公室	3	9		12	
总计		138	115	23	60	54	24		113	25	24	94	20
占比（%）			83.3	16.7	43.5	39.1	17.4		81.9	18.1	17.4	68.1	14.5

三、职能配置

新一轮党政机构改革后，单独设立和由自然资源局管理的政府组成部门职能与中央和省市层级对口部门的配置基本上保持一致，即将森林公安整体移交公安部门，森林防火指挥部的火灾扑救、林权登记管理、林业执法职能整合到应急管理、国土资源和跨领域组建的执法部门。整合增加了原属于农业、水务、国土资源、城乡建设等部门管理草原、自然保护区、风景名胜区、自然遗产、地质公园等职能。林业管理职能整合到自然资源局的，重新组建的林业部门的职能与改革之前基本相同，部分样本县的自然资源局保留了林业执法职能。机构改革后，乡镇林业站的工作职能在政策规定和工作要求上基本与改革前保持一致。

改革成效

调研显示，新一轮党政机构改革基本理顺了部门职责分工，促进了基层林业主管部门职能的优化配置，推动了县乡两级林业管理机构治理效率的有效提高。

一是在机构设置上，充分体现了新一轮党政机构改革在贯彻中央"规定动作"基础上，由各级当地实际情况和需要，因地制宜确定党政机构"自选动作"的原则。森林资源丰富地区的绝大多数样本县，将林业主管部门确定为单独设置的政府组成部门或由自然资源部门管理的政府组成部门，体现了地方党委政府对林业工作的重视。与此同时，将草原、湿地、自然保护区、风景名胜区、自然遗产、地质公园的管理职能划归林业部门，实现了自然资源的统一管理，拓展了林业主管部门的管理职能，确保了林业在"五位一体"发展战略中的重要地位。

二是在职能整合上，首先，将林地登记管理、火灾扑救、森林公安等项职能划转自然资源、国土规划、应急管理和地方公安等部门，使得林业主管部门能够集中精力开展以造林营林、森林资源管护、发展林业产业确保国家生态和木材安全为主的现代林业建设。火灾扑救职能交由应急管理部门行使，可以有效发挥应急管理部门的资源优势和快速反应的工作机制，在一定程度上提高了森林火灾的扑救效率；其次，将林地登记管理职能整体划转或者归口自然资源部门管理，从体制上解决了长期以来林地、耕地、草原的管理部门分割、各自为政以及由此引起的一系列矛盾的混乱局面，实现了土地资源的统筹管理和合理利用。

三是在优化乡镇林业站管理体制上，进行了新的尝试。林业站下放到乡镇政府管理，有助于乡镇从实际出发统一规划、统筹安排、科学布局当地的林业生态建设。根据中心工作需要，乡镇政府统一调度包括林业站在内的各部门人力物力财力。同时，乡镇林业站下放后与其他涉农部门合署办公，便于实现涉农的一站式便捷服务，强化了乡镇政府对本地区林业工作的领导。

存在的问题

一、县级林草部门上下衔接机制有待完善

（一）县级业务关系需要进一步规范

由于新一轮党政机构改革不要求上下级工作部门完全对口，因此，形成了各地省市县不同的机构设置。调研显示，17个样本省份的地市和县级林业主管部门，机构改革后既有县林业局或林业和草原局对口地市自然资源局，县自然资源局对口市林业局或林业和草原局的，又有地市自然资源局同时对口县林业局和自然资源局，县自然资源局同时对口市林业和草原局和自然资源局的（表5-4）。在一定程度上造成上下级之间在业务指导、资金拨付、工作衔接等多方面不便。某样本县林业局反映，机构改革后的县林业局和自然资源局同时对口市自然资源局，市自然资源局分配的防火资金直接对口拨付到了并没有防火职能的县自然资源局，而具有防火职能的县林业局却没有得到相应的工作经费。出现这种情况，即便予以纠正也将增加不必要的行政资源和工作成本。

表5-4 机构改革后样本县林草主管部门的机构设置

样本省份	样本县区	省林业主管部门	地市林业主管部门	县林业主管部门
福建	沙县	福建省林业局	三明市林业局	沙县林业局
	顺昌	福建省林业局	南平市林业局	顺昌县林业局
广东	和平	广东省林业局	河源市林业和草原局	和平县林业局
	丰顺	广东省林业局	梅州市林业局	丰顺县林业局
贵州	锦屏	贵州省林业局	黔东南苗族侗族自治州林业局	锦屏县林业局
	织金	贵州省林业局	毕节市林业局	织金县林业局
湖南	洪江	湖南省林业局	怀化市林业局	洪江市林业局
	平江	湖南省林业局	岳阳市林业局	平江县林业局
江西	遂川	江西省林业局	吉安市林业局	遂川县林业局
	铜鼓	江西省林业局	宜春市林业局	铜鼓县林业局
	兴国	江西省林业局	赣州市林业局	兴国县林业局
	崇义	江西省林业局	赣州市林业局	崇义县林业局
	修水	江西省林业局	九江市林业局	修水县林业局
广西	平果	广西壮族自治区林业局	百色市林业局	平果市林业局
	环江	广西壮族自治区林业局	河池市林业局	环江县林业局

(续)

样本省份	样本县区	省林业主管部门	地市林业主管部门	县林业主管部门
浙江	德清	浙江省林业局	湖州市自然资源和规划局	德清县自然资源局
	遂昌	浙江省林业局	丽水市林业局	遂昌县自然资源局
山东	蒙阴	山东省自然资源厅	临沂市林业局	蒙阴县林业局
	莱州	山东省自然资源厅	烟台市自然资源和规划局	莱州市自然资源局
	平邑	山东省自然资源厅	临沂市林业局	平邑县自然资源局
辽宁	本溪	辽宁省自然资源厅	本溪市林业和草原局	本溪县自然资源局
	清原	辽宁省自然资源厅	抚顺市自然资源局	清原县自然资源局
河南	浉河	河南省林业局	信阳市林业和茶产业局	浉河区林业和茶产业局
	舞阳	河南省林业局	漯河市自然资源局	舞阳县自然资源局
云南	双柏	云南省林业和草原局	楚雄彝族自治州林业和草原局	双柏县林业和草原局
	宜良	云南省林业和草原局	昆明市林业和草原局	宜良县林业和草原局
四川	丹棱	四川省林业和草原局	眉州市林业局	丹棱县自然资源局
	威远	四川省林业和草原局	内江市林业局	威远县自然资源局
	沐川	四川省林业和草原局	乐山市林业和园林局	沐川县林业局
	南部	四川省林业和草原局	南充市林业局	南部县自然资源局
	南江	四川省林业和草原局	巴中市林业局	南江县林业局
	马边	四川省林业和草原局	乐山市林业和园林局	马边县林业局
安徽	金寨	安徽省林业局	六安市林业局	金寨县林业局
	休宁	安徽省林业局	黄山市林业局	休宁县林业局
北京	昌平	北京市园林绿化局		昌平区园林绿化局
	房山	北京市园林绿化局		房山区园林绿化局
陕西	延长	陕西省林业局	延安市林业局	延长县林业局
	镇安	陕西省林业局	商洛市林业局	镇安县林业局
重庆	武隆	重庆市林业局		武隆区林业局
	涪陵	重庆市林业局		涪陵区林业局
河北	易县	河北省林业和草原局	保定市自然资源局	易县自然资源局
	张北	河北省林业和草原局	张家口市林业和草原局	张北县自然资源局
	平泉	河北省林业和草原局	承德市林业和草原局	平泉市林业和草原局

(二) 县级林草部门与乡镇林业站、乡镇政府之间的关系亟须完善

县级林草部门与乡镇林业站特别是与乡镇政府在工作衔接上多年存在的诸多矛盾，始终没有得到很好地解决，这些矛盾因乡镇林业站不同管理模式而异。

属于县林业主管部门派出机构的乡镇林业站，由于林业站人财物管理均属于县林业局，乡镇政府无权过问，而乡镇林业站又长期工作在外，由此形成了对乡镇林业站一定程度上的管理监督缺位。在县林业局和乡镇政府沟通协调不力、工作配合不够的情况下，一是会出现林业站只接受林业部门领导，忽视甚至敷衍乡镇政府的倾向，从而导致林业主管部门与乡镇工作安排的脱节；二是会对需要乡镇配合的工作造成一定程度上的负面影响。

由乡镇政府直接管理的林业站，在实践中又容易出现乡镇偏重于中心工作，大量使用林业站工作人员开展诸如扶贫帮困、征地拆迁、村政建设等，甚至常年驻村、担任村支部书记等其他方面工作任务，忽略林业工作的倾向。与此同时，属于乡镇政府管理的林业站，可能

出现只重视乡镇党政领导，忽视业务主管部门工作指导和任务完成的问题。

实施县林业主管部门与乡镇双重领导的林业站的弊端，一是两个管理主体如果权责划分不清，会出现决策和执行成本增加的问题。二是在双重管理体制下，一方面，乡镇虽然主导着对林业站人财物的管理，但缺乏资金技术业务方面的优势；另一方面，林业主管部门只有业务指导和服务职能又不具有实质意义上的领导职能，双方对林业站的管理很难完全到位。而乡镇林业站面对两个管理主体尤其是在两个主体发生矛盾冲突时，在无法满足两方面期待的情况下，进退失据必然会对工作造成较大的负面影响。

二、县级林草部门与其他部门关系需理顺

（一）不动产登记职能划分不清

调研显示，多数样本县将森林资源确权、林权类不动产登记职能划归不动产登记部门。截至2021年8月，工作交接已基本完成，但个别地方因职责划分不够明晰、部门统计口径不一、林权纠纷积压、林权流转备案手续疏漏等原因，致使相关业务无法顺利交接，迟迟不能启动林权类不动产工作。

同时，部分样本县虽然在职责上明确集体林改由林业部门负责，林地林木确权由不动产登记部门实施，但在部门交接过程中，却将林业主管部门负责集体林改工作的所有人员和档案资料整体移交不动产登记部门，直接造成了林业部门开展集体林改既无机构又无人员，工作近乎断档的局面。

（二）森林消防职能划分不清

森林消防的任务主要分预防和扑救两个方面。从职能上讲，林业负责预防，应急负责扑救。调研显示：部分样本县将火灾划分为大火和小火两个等级，规定小火由林业部门处理，大火扑救由应急管理部门负责。但如何界定大火和小火缺少标准尺度的衡量，造成两个部门之间相互推诿扯皮、可能贻误扑火战机的隐患。与此同时，森林消防职能的调整还带来两个不容忽视的问题。一是防火机构人员整体划转应急管理部门后，林业部门承担的组织编制森林草原火灾防治规划、指导开展防火巡护、火源管理、防火设施建设以及组织开展日常的防火宣传教育、监测预警、督促检查等大量工作缺少机构和人员支撑。林业部门开展防火工作只能靠机构内部调剂或者从社会上招聘人员解决。二是部分样本县反映，森林消防职能调整后，地方各级财政的防火经费直接拨付应急管理部门，林业部门的防火开支缺少资金来源。

（三）林草执法体系有待规范

深化行政执法体制改革，统筹配置行政处罚职能和执法资源，相对集中行政处罚权，是深化机构改革的重要任务。实地调研显示，新一轮党政机构改革后，县级林业主管部门的执法大体上有三种模式：一是将执法职能整体移交综合执法部门；二是将职能转交自然资源部门的执法大队行使；三是原由森林公安局行使的执法职能，在森林公安局划转公安局后改由林业局实施。前两种模式在实施过程中主要存在两个方面的问题：即部门间的沟通协调欠畅通；一些样本县尽管职能已经划转，但机构和人员尚未完全到位，职能、机构和人员的"三定"不到位，出现了自然资源执法部门和综合职能部门有职能无人员，林业管理机关有人员

无职能，大量违法案件无人受理的状况。由于这些问题的存在，造成了某样本县50多起林业行政案件的久拖不决。后一种模式出现的问题是，移交到林业局行使的执法职能，同时存在缺乏执法经费、执法设施和专业执法人员的问题。某样本县林业局与综合服务中心合署办公的林业执法大队，核定事业编制18人，实际在编9人，抽调做其他工作的有7人，实际在岗只有2人，严重影响了日常执法工作的开展。在实地调研过程中，发现了一个较为普遍的问题，即按照2020年重新修订的《森林法》取消木材运输许可证审批和木材检查站设置后，对基层林业主管部门实施森林资源管护和林木采伐限额管理造成一定压力。

三、县级林草部门集体林改内设机构不全

2008年全面启动集体林改以后，全国县级林业主管部门均设立了专门负责改革的"集体林权制度改革办公室"（简称"林改办"）。集体林确权改革完成以后，相当一部分地区把"林改办"调整为与县政府山林纠纷办公室合署办公。新一轮党政机构改革后，多数地区取消了专门负责集体林改的机构设置，集体林改相关事务交由其他办公室处理。我们认真调阅了15个省份32个样本县林业主管部门机构改革的"三定方案"，并实地了解了各县林业主管部门内设机构情况。在32个样本县中，设置以履行集体林改的职能科室的林业主管部门只有4个；"三定方案"明确集体林改与其他业务科室合署办公的有1个；将集体林改的职能整合到人事、教育、计划财务、产业发展、国土绿化、资源管理、野生动植物保护、森林防火等其他业务科室的有24个；在"三定方案"中没有明确对集体林改职能由具体哪个科室履行的有3个。据四川省林业和草原局反映，该省大多数市县集体林权管理机构不明确、人员不稳定，集体林权管理服务缺位。广西壮族自治区一半左右的县级林业部门合并到自然资源部门后，因广西壮族自治区自然资源厅没有具体指示，基本停止了集体林地确权发证的查漏补缺工作，未撤并机构的县市区，也因职能划转自然资源局停止了这方面的工作。

四、乡镇直管和县乡双重领导的林业站运转不实不畅

（一）专项编制形同虚设

在调研过程中发现，根据因事设岗、因岗定编的原则，样本县的编制部门确定了乡镇林业站的人员编制，但一些乡镇在人员和岗位编制存在相当大的随意性和不规范性，难以保证林业工作岗位对人员编制的需求。

（二）混岗现象严重

部分实行农林水牧合署办公的乡镇，缺乏对专业工作岗位的科学设置，个别综合服务中心甚至没有明确的工作分工。林业站大部分人员被乡镇抽调改做其他方面的工作。调研结果显示：在60个样本乡镇林业站的276个在编在岗人员中，担任支部书记5人，驻村干部55人，改做其他工作40人，不在专业岗位人员总数达到100人，占在编在岗人员总数的36.23%。湖南省两个样本县的5个乡镇林业站，在52名在编在岗人员中，改做其他工作的有35人，占比为67.30%；广东省两个样本县4个林业站的10名在编人员，有8名常年驻村，占比为80%；四川省某样本县一个林业站的3名工作人员全部被抽调常年驻村。在2021年度的调研中，贵州

省某样本县提供的15个乡镇林业站的数据显示，63个在编人员中，专职从事林业工作的仅有14人，其余49人全部被乡镇指派开展其他方面的工作，占比为77.78%（表5-5）。一些样本县反映：由于乡镇林业站人员缺乏，县林业主管部门下达的工作任务难以或不能落实的情况时有发生。与此同时，一些非专业人员被安排到乡镇林业站从事林业工作，乡镇对这部分人员缺少业务和专业培训，致使部分乡镇林业站工作队伍业务技术素质的严重偏低，业务能力下滑严重。

表 5-5　样本乡镇林业站人员结构岗位分布情况统计

省份	县区	乡镇林业站数	改革前编制数	改革后核定编制数	改革后实际在编人员情况（人）										林业专业人员
					实际在编人数	岗位分布				学历		职称			
						担任支部书记	驻村干部	改做其他工作	专职林业工作	大学以上	中专	高级	中级	初级	
北京	房山	1	4	1	1				1	1					1
	昌平	2	21	18	15	1			13	9	6		1	1	7
湖南	平江	3	78	54	38	2	16	10	10	18	9	1	17	25	20
	洪江	2	19	14	14		6	1	7	9	1		6	3	9
江西	崇义	6	49	35	29	2		5	22	18	6	3	9	4	18
	修水	5	25	23	22				22	8	6	4	8	2	12
安徽	金寨	4	16	15	13	1			12	9	3	2	6	2	12
	休宁	2	15	15	14	1	1		12			2	1		14
山东	莱州	2	2	2	2				2	1			2		1
	蒙阴	3	5	5	5				5	2	3		2		5
辽宁	本溪	2	10	10	10				10	8			3	2	6
	清原	3	22	22	22			11	11	9	9	1	6	8	12
广东	和平	2	14	4	4	3			1	2	2		1	2	2
	丰顺	2	13	6	6	5			1	3	2				
贵州	锦屏	3	9	9	9	8	1			7	1		1	5	1
云南	双柏	3	14	14	14				13		10	4	2	5	7
重庆	武隆	2	4	4	4	1	1	2		3	1				
	涪陵	1	8	8	8		3	5					3	2	5
四川	威远	3	24	21	17				17	10	2	1	8	2	
	南部	4	14	12	12	1	6	3	2	3	3	1	4	3	5
	南江	3	14	14	11				11	7	3		3	2	7
	马边	1	3	3	3		3			1	2		3		2
陕西	镇安	1	5	5	3		1		2	1	2		2	2	2

（三）业务经费难以保证

部分样本县乡镇林业站办公经费虽然列入县级财政预算，实行全额拨款，但由于乡镇财政紧张，经费下达后时常以各种理由被统筹使用到其他事项，导致了乡镇林业站基本业务经费的严重短缺。

（四）林业执法难度加大

在调研过程中，部分乡镇林业站反映，林业站划归乡镇政府管理后，在出现与地方经济工作存在矛盾的情况下，林业执法往往受到来自乡镇政府的阻力，以致部分违法案件不能得到及时处理。

五、县乡林草部门普遍人员老化、缺乏专业人才

样本县普遍存在县乡林业主管部门在编职工老化问题，四川省某样本县为调研组提供的数据显示，县林业局在职职工的平均年龄为52岁，严重不适应林业"上山下乡"的繁重工作任务。同时，由于林业部门的工作特性，吸纳人才困难，加之一定程度上的人员流失，造成了管理技术人才的后继乏人。

对策和建议

当前，各地林业主管部门要从巩固机构改革成果出发，积极争取中央和地方党和政府支持，最大限度地提升基层林业机构治理体系和治理能力，协同组织、人事、编制、执法、应急管理等部门，认真开展一次机构改革"回头看"活动，全面总结新一轮党政机构改革后县乡两级林业管理部门工作运行的实践经验，梳理解决在工作中出现的各种矛盾问题，确保重组后基层林业管理部门科学、规范、高效运转。在"回头看"的过程中，要把县乡林业机构改革放在全面深化改革大盘子里加以谋划和完善。2022年3月30日，习近平总书记在参加首都义务植树活动时强调指出：森林是水库、钱库、粮库和碳库，森林和草原对国家生态安全具有基础性、战略性作用，林草兴则生态兴。现在，我国生态文明建设进入了实现生态环境改善由量变到质变的关键时期。我们要坚定不移地贯彻新发展理念，坚定不移地走生态优先、绿色发展之路，坚定不移地统筹推进山水林田湖草沙一体化保护和系统治理，科学开展国土绿化，提升林草资源总量和质量，巩固和增强生态系统碳汇能力，为推动全球环境和气候治理、建设人与自然和谐共生的现代化作出更大贡献。习近平总书记明确要求进一步深化集体林权制度，实施乡村振兴战略。林草事业高质量发展面临的形势在变、任务在变、工作要求也在变，党和政府对林业和草原改革与发展提出了新要求和新任务，新形势新任务新的客观要求需要功能完备的专业化人员和机构。在"回头看"的过程中，必须准确识变、科学应变、主动求变，把解决实际问题作为"回头看"的出发点，提高县乡林业机构改革和其他改革的系统性、整体性和协调性，以优化县乡林业机构职能和加快职能转变为根本目的，践行习近平生态文明思想，推进林草高质量发展。

一、着力抓好县级林草部门"三定方案"的完善提高和贯彻落实

（一）完善县级林草部门的机构人员配置

行使国土资源管理和林业工作综合职能的自然资源部门，要按照科室设置覆盖所有职能，林业行政和业务管理的专业性强，需要专业人干专业的事，需要用好用足新一轮党政机

构前的林业专业人员，考虑到人员新陈代谢，需要进一步招聘新的林业专业人员，尤其是林业专业管理技术人员保持基本稳定，内部分工明确，人员各司其职的原则，全面检查相关行业职能科室和工作岗位的设置情况，发现问题尽快予以稳妥解决。凡将林业职能整合到其他科室的，一定要配备充足的林业专业岗位；需要特别强调的是，当前集体林改正在推行以"三权分置"和培育林业新型经营主体等为主要特征的关键阶段，以及树立和践行"绿水青山就是金山银山"的理念，统筹山水林田湖草沙系统治理，建立以国家公园为主体的自然保护地体系，需要根据新形势、新任务、新要求，进一步明确主职主责，完善编制及其结构，优化人员机构，配齐短缺急需专业人员，为林草事业发展提供强有力的组织保障和治理能力。

（二）科学界定并完善部门间的职能分工

一是准确划分林业部门和不动产登记部门集体林地林业产权管理的职能职责。不动产登记部门只负责新增林地和林权证换发不动产证的外业勘界核实、林地经营权界定登记发证，以及与此相关的林权纠纷调处；林业部门全权负责对主体改革遗留问题的查缺补漏。在明确工作职责的同时，根据职能职责对工作岗位的需求，合理确定留职林业主管部门和转隶不动产登记部门的编制人员并抓紧落实尽快启动已经滞后的不动产登记工作；自然资源部、国家林业和草原局及有关部门要加强协调研究，开展顶层设计，抓紧出台适合林权类登记、抵押、资产评估、费用收取等方面的政策，全力完善不动产登记的相关政策，确保登记工作的规范有序进行。既要解决林权和不动产登记的增量问题，也要解决存量问题，为集体林地"三权分置"和国有林地有偿使用提供权属制度保障。

二是进一步完善森林消防的指挥系统和职能配置。根据中共中央印发的《深化党和国家机构改革方案》的要求："将……国家林业局的森林防火相关职责……国家森林防火指挥部的职责整合，组建应急管理部""应急管理部要处理好防灾和救灾的关系，明确与相关部门和地方各自管理分工，建立协调配合机制"。在实践中，从实现森林消防机构职能职责最优配置的目标出发，县级防扑火机构建议选择两种模式：①将防火和扑火职能分开，明确防火由林业主管部门负责，扑火由应急部门负责。坚决杜绝小火扑救由林业部门负责，大火由应急部门处理的职责划分，避免由此引起部门间在工作上的推诿扯皮，以致贻误扑火战机情况的出现。必须建立健全林业和应急两个部门工作协调机制，林业部门适时向应急部门通报包括防火组织机构、基础设施、巡护队伍建设等方面的情况；应急部门要加大对林业主管部门火灾预防措施的监督，发现问题及时反馈。各级财政部门要在准确测算的基础上，将森林消防预防环节开展防火巡护、火源管理、防火宣传、监测预警、防火设施建设和扑救环节的车辆器具等方面的经费支出分别列入财政预算；②将防火、救火职能合并，由应急部门全权行使防火和扑火于一体的森林防火指挥部职能，统筹安排、集中发挥防火和扑火两个环节的人力、物力、财力和行政资源的作用，以期收到统一指挥、高度协调、事半功倍的工作效果。

三是强化林业行政执法队伍建设。深化行政执法体制改善是此轮党政机构改革的重要内容之一，"统筹配置行政处罚职能和执法资源，相对集中行政处罚权，是深化机构改革的重要任务"。2020年修订颁布的《森林法》赋予县级以上林业主管部门对森林资源保护、修复、利用、更新等进行监督检查，依法查处破坏森林资源等违法行为的诸多行政执法权力，必须建立健全相应的组织机构，大力加强执法队伍建设。在机构改革中，把原林业部门的林业公安转隶至公安部门，将林业行政执法职能划归综合执法和自然部门的地区，须设置专门的林业行政执法机构，配备专职的林业行政执法人员；重新组建的林业主管部门保留执法职能的，要稳定和加强执法队伍建设；森林公安局划转地方公安管理后，林业执法交由林业局实施的，要协调编制人事部门尽快核定应有的机构和人员编制，组建专业的执法队伍并加强对执法人员的业务培训，使之尽快进入工作角色。财政要将新增机构必要的执法设施、工作经费等项支出列入财政预算。在按照新《森林法》规定，取消木材运输许可证审批和不再设立木材检查站的情况下，各级林业主管部门要及时跟进积极探索建立新的管理机制，采取新的举措堵塞在木材运输环节可能出现的管理漏洞。

四是对新一轮党政机构机构改革后，针对林业主管部门承担的新职能，尚未增加人员编制的，编制部门要切实按照"编随事走、人随编走"的原则，抓紧落实人员转隶或核定新的编制，确保林业主管部门转入职能的正常履行。需要强调说明的是，原来的林业主管部门增加了草原行政管理职能，一方面原有农村农业部门的职能、人员、编制转隶到林草部门，另外一方面需要强化草原的行政和技术服务职能和人员编制。

二、切实抓好县级林草部门的队伍建设

一是各级林业主管部门要主动作为，积极争取组织、人事、科技、财政等部门在人才选拔、职称晋升、福利待遇、工作经费等方面向林业部门适度倾斜，采取优惠政策吸引专业人才向林业流动。同时加强对现有干部职工的业务培训，着力提高林业管理技术队伍的整体素质；二是加强对干部职工队伍的政治思想建设，努力克服因机构改革所导致的各种思想情绪，调动一切可以调动的积极因素，确保林业改革发展的顺利推进。

三、尽快研究解决乡镇林业站存在的问题

乡镇林业部门承担着技术和政策咨询以及具体林草工作，工作千头万绪，琐碎繁杂。在乡村振兴战略和生态文明建设背景下，乡镇林业部门的职能、人员和编制等直接关系能否推动林业高质量发展的大局。一是强化乡镇林业站管理的顶层设计。在深入调查研究、广泛征求意见的基础上，根据新一轮党政机构改革后乡镇林业站出现的新变化以及实施乡村振兴战略对乡镇林业站的工作要求，由国家林业和草原局修订国家林业局颁布的《乡镇林业工作站工程建设标准》和《林业工作站管理办法》，对机构改革后乡镇林业站的管理体制、运行机制、职能职责、建设管理等事项做出新的规定。二是进一步理顺乡镇林业站的管理体制。在机构设置上，按照结构优化、简约高效和充分体现基层林业工作繁杂、专业技术性较强特点的原则，对森林资源丰富、生态区位重要地区的乡镇林业站一律采取"一镇一站"或"几镇联合站"设置的模式；对合署办公的林业站，为便于工程投资和行业管理，全部加挂乡镇林业站牌子并指定明确的法人代表；对属于县林业主管部门派出机构、乡镇管理和双重领导三种管理模式的乡镇林业站，要明确主管机关各自的职责范围。作为县林业主管部门派出机构的乡镇林业站，人员和业务经费由县级林业主管部门统一管理，林业站人员的调配、考评和任免，须听取乡镇政府的意见。其业务经费、财政预算按照乡镇标准核定下拨；由乡镇政

府管理的林业站，人员和业务经费由乡镇管理，经费缺口由县林业主管部门给予一定支持。工作人员的调整、分配、考核、任免，须听取县林业主管部门的意见。与农业服务中心合署办公的林业站必须确保林业编制的专项使用和林业专职岗位的足够设置。三是继续开展全国"标准化林业工作站"建设活动。将包括由乡镇管理与其他部门合署办公同时挂林业站牌子并确保林业工作编制岗位、办公设施和工作经费的综合服务中心在内的各种管理体制的乡镇林业站全部纳入活动范围。进一步加大对标准化建设中央预算内林业基本建设投资和地方财政的支持力度，确保乡镇林业站在农业农村工作中的应有地位，全面提高乡镇林业工作站建设的科学化、规范化、标准化、专业化水平。四是着力优化乡镇林业站的管理机制。在进一步巩固提升作为县林业主管部门派出机构的乡镇林业站运行效率的基础上，全力完善乡镇直管和实施双重领导林业站，特别是与其他涉农部门合署办公林业站的管理机制。其核心是用明确的职责理顺林业主管部门与乡镇相互协调、彼此制约监督的工作关系，建立和完善林业主管部门与乡镇党委政府双向考核林业站及其工作人员的激励机制，以及乡镇林业站对县林业主管部门和乡镇政府同时负责的管理制度。确保林业主管部门和乡镇政府的政令畅通。五是加强乡镇林业站人才队伍建设。活化用人机制，在职称评定、升职晋级等方面向乡镇林业站适度倾斜；协调促请人事部门按照尽可能专业对口的原则，加大部门间人事调整的力度，制定一定的优惠政策引进和招收一部分分散在各单位的林业专业人员和农林院校、职业技术学院的大中专毕业生，充实乡镇林业站专业技术队伍，力求乡镇林业站的专业技术人员达到80%，全面落实乡镇林业站工作人员资格认证、持证上岗制度，逐步探索建立林务官制度；各级林业主管部门特别是县级林业管理部门要有计划地通过集中学习、经验交流、外出考察、组织进修等方式，加强对乡镇林业站管理技术人员的业务培训，不断提高职工队伍的管理技术素质。

参考文献

李敏飞,柳经纬,2006.农地承包经营权流转的制约性因素的法律分析和思考[J].福州大学学报(哲学社会科学版),20(3): 5.

李卓,谭江涛,陈江红,等,2019.新一轮集体林权制度改革效果评估——基于双重差分模型的实证分析[J].价值工程,38(11): 19-22.

刘浩,杨鑫,康子昊,2020.中国退耕还林工程对农户消费及其结构的影响研究——基于持久收入假说与长期跟踪大农户样本[J].林业经济,42(06): 18-32.

刘俊,2007.土地承包经营权性质探讨[J].现代法学,29(2): 9.

孙淑云,2003.刍议不动产收益权质押[J].法律科学(西北政法学院学报)(03): 76-80.

王洪玉,翟印礼,刘俊昌,2009.集体林产权制度安排驱动因素的实证研究——基于村级层面的面板数据[J].软科学,23(08): 96-100.

王利明,周友军,2012.论我国农村土地权利制度的完善[J].中国法学(01): 45-54.

王权典,张建军,2004.论农地承包经营合同的法律性质[J].云南大学学报(法学版)(05): 63-67.

王晓慧,李志君,2006.土地承包经营权的性质与制度选择[J].当代法学(04): 64-68.

尹航,徐晋涛,2010.集体林区林权制度改革对木材供给影响的实证分析[J].林业经济(04): 27-30, 49.

张寒,常颖,李世平,2018.中国原木进口的需求弹性及预测——基于月度时间序列的Johansen协整估计[J].林业经济问题,38(01): 69-74, 109.

张寒,聂影,张智光,2011.金融危机对中国林产品出口的影响机制[J].林业科学,47(12): 136-142.

张里安,汪灏,2008.特色社会主义土地物权制度的构建与发展[J].河北法学,180(10): 58-62.

张英,2012.林权制度改革对我国集体林区木材供给的影响研究[D].北京:北京林业大学.

BECK T, LEVINE R, LEVKOV A, 2010. Big Bad Banks? The Winners and Losers from Bank Deregulation in the United States[J]. The Journal of Finance, 65(5): 1637-1667.